學會管理的36堂必修課

丁志達 著

序

少年讀書，如隙中窺月；中年讀書，如庭中望月；老年讀書，如臺上玩月。皆以閱歷之淺深，為所得之淺深耳。

——清・張潮《幽夢影》

我，台灣光復那一年（1945年）出生，戰亂方歇，物價飛漲，父親是鹿港小鎮上的一位基層公務員，母親的娘家，日治時代在「鹿仔港」渡船頭邊從事海峽兩岸（唐山、台灣）貨物進出裝卸貨的地方士紳與富豪的「施家」千金。母親嫁到丁家後，生下了我們姊弟妹六人，因只靠父親微薄薪水要養活一家人，艱辛備嘗，母親只好為人做衣裳，補貼家用。量身訂製的衣服在裁剪後，總會剩餘少許大小不一的「零碎布頭、布尾」，母親就利用空閒時間加以拼綴，成為孩子們過年要穿的「百衲」童裝。由於個人小時候穿「百衲衣」長大的，也影響到我的人格特質：「節儉」。這本書的誕生，也就是個人從以往撰寫出版的書籍中所蒐集的資料，因限於字數、篇幅等因素而需有所取捨，受了母親這種「勤勞、樸實、惜物」的持家美德，將這些「不忍割捨」而有用的資料保留下來。

我，1958年輔仁大學歷史學系畢業後，並沒有往學術界、教育界謀職，而到外商企業從事人力資源管理的工作，歲月如梭，倏忽已過四十年，如今退出朝九暮五的職場生活後，空閒時間多了，也開始重操本業「歷史學」的工作，著書立說，其專長係受當年在校讀書時的諸多名師，諸如蔣復璁、蕭一山、楊家駱、夏德儀、王任光、傅樂成、杜維運等教授教學的薰陶，從蒐集、研讀、考證、採用的嚴謹治學方法訓練所打下的根基，才能運用到退出職場後，以寫作、講課的來度「餘生」。

1998年，經營四十年，在管理顧問業最有口碑的中華企業管理發展中心董事長李裕昆先生隱退了。李董事長將歷年來中華企管出版的管理經典名著叢書，以及其個人的管理類藏書與其著作贈送給本人。為了不辜負李董事長的愛才之心與不遺餘力的提攜讓作者成材、成料，這幾年來，閉門苦讀，學習清朝趙翼（號甌北）所撰寫的《二十二史劄記》的方法，將閱讀過後的心得與資料，加以記錄，彙編成書。

有一位蘇菲教團（a1-Tariqah al-Sufiyyah）的長者納斯魯丁（Nasrudin）買了一大堆辣椒，一顆接一顆地吃，吃得眼淚、鼻涕直流，汗流不止。他的一位門徒忍不住問他：「敬愛的大師，為什麼你如此傷害自己呢？」納斯魯丁勉強張開眼說：「我在找一顆甜的。」本書的每一堂課的標題，皆從古典文學著作中萃取其菁華語句而成，而各堂課內容則以淺顯、易懂、易學的文字，提綱挈領來闡述「管理」的精髓，以實務的經驗，旁徵博引，大量採用古今中外經典名著或寓言故事作為楔子，引導閱讀者的興趣，從中獲得智慧。

胡適說：「歷史就像一個小姑娘，你愛怎麼打扮就怎麼打扮。」本書書名乃仿效中國古代最著名的兵書《孫子兵法》的「三十六計」的體裁，訂為《學會管理的36堂必修課》，包括：中流砥柱篇（領導統御、卓越管理、策略規劃、授權賦能、組織診斷）、用人哲學篇（甄選面談、人格特質、用人藝術、情緒諮商）、職涯領航篇（職業訓練、工作教導、生涯規劃）、步步高陞篇（職務輪調、升遷捷徑、接班人選）、績效管理篇（績效考核、目標管理、績效面談）、貢獻回饋篇（人事成本、激勵員工、福利共享）、職場遊戲篇（制度規章、紀律管理、離職面談、裁員風暴、衝突折衝）、職場互動篇（溝通技巧、幽默談吐、服務奉獻、危機管理、人際關係）和樂活職人篇（共好精神、創新點子、時間管理、簡報技巧、修身養性）。每篇採用眾多有啟發性、趣味性的實務案例，使理論與實務相互結合，讓讀者更容易掌握管理的精髓所在。

此次承蒙揚智文化事業公司慨允協助出版，謹向葉總經理忠賢、閻總編輯富萍暨全體工作同仁敬致衷心的謝忱。又，台南應用科技大學應用英文系助理教授王志峯博士、丁經岳律師、內人林專女士、詹宜穎小姐、丁經芸小姐等人對本書資料的蒐集與整理，提供協助與分類，亦在此一併致謝。

由於本人學識與經驗的侷限，疏漏之處，在所難免，尚請方家不吝賜教是幸。

丁志達 謹識

目　錄

Part 1

中流砥柱

第1堂　海納百川話領導統御

第2堂　運籌帷幄話卓越管理

第3堂　爾虞我詐話策略規劃

第4堂　鞠躬盡瘁話授權賦能

第5堂　望聞問切話組織診斷

海納百川話領導統御

形器不存，方寸海納。

——晉・袁宏《三國名臣序贊》

在二次大戰期間，彼得・杜拉克（Peter F. Drucker）曾經為馬歇爾（George C. Marshall）將軍工作過，他是我很尊敬的一位偉大的領導者。這個人一點個人魅力或領袖特質都沒有，但是百分之百值得你信賴。有一次我因為職務關係不慎得罪了荷蘭皇室，大禍臨頭，馬歇爾認為我沒有錯，叫我只管放心，他去替我解決了麻煩。這就是領導者，他讓我們這些屬下甘心為他效命，但是，他從來不會對部屬說任何感恩的話，不會說一句謝謝。他從來不批評，但是只要你一錯再錯，就會被判出局。他認為你能夠做什麼工作，交代你去做以後，就不會再來過問，而屬下如果有什麼需要去找他，他一定替你去張羅，他永遠知道應該在什麼時候、什麼地方控制大局（天下編輯，2001：9-10）。

日本經營之神松下幸之助說：「有夢，才有力量；有希望，才會拚命。經營者要不斷地給員工夢想與希望，他們才會熱烈地參與公司，並盡心盡力貢獻他們的一切。」

領導者獨樹一格

被尊稱為「領導學之父」的華倫・班尼斯（Warren Bennis）在《領導者該做什麼》（*On Becoming A Leader*）一書中指出，「領導者」和「管理者」兩種角色，最大的關鍵性差異是：管理者是執行者，領導者是改革者；管理者人云亦云，領導者獨樹一格。碰到管理上發生問題時，領導者先研究問題出在哪裡（因為通常資料還不夠齊全），而管理者急著找答案。

松下幸之助說：「我自認書念得不多，身體又不好，因此，我覺得每一位員工都比我偉大。即使是剛進入公司的實習生，有的學問比我好，有的口才比我好，最起碼身體比我好。這些比我行的人來當我的屬下，怎能不令我感謝呢？這些感謝之情，我沒有用語言表達，但他們都能感受得出來，所以自動加班，勤奮不懈，才造就了今日的松下電器。」（郭泰，1998：79）

鋼鐵大王安德魯・卡內基（Andrew Carnegie）在其墓誌銘上題了一句話：「安息於此的，是一位敢於借重比他更優秀的人替他工作的人。」這是何等寬廣的胸襟！領導人不見得比別人強，但他會用比他聰明的人，這就是自信。

領導者的權力基礎

領導是與「人群」有關，而管理則是與「制度」（系統、業績、辦法等）有關。領導人（leader）的取得權力來源基於下列的六大項。

★合法權（legitimate power）

領導者因為在組織中占有某一職位而擁有決策的權力。在位者有此權（authority），去位者失掉此權。俗話說：「人在台上一條龍，人在台下一條蟲。」指的就是名正言順取得的合法權才有權力領導團隊。但空有合法權，往往不足以成為有效的領導者，如歷朝歷代末代皇帝為身邊「小人」所挾持。

★獎賞權（reward power）

權力對別人影響力的大小是獎賞權，即對部屬資源控制、獎賞的權力。《韓非子・二柄第七》說：「明主之所導制其臣者，二柄而已矣。二柄者，刑、德也。何謂刑、德？曰：殺戮之謂刑，慶賞之謂德。為人臣者，畏誅罰而利慶賞，故人主自用其刑、德，則群臣畏其威而歸其利矣。」領導人擁有了這種權力，就能打造高昂士氣的工作團隊。

★強制權（coercive power）

領導者能夠以懲罰或其他力量脅迫部屬從事某種工作的權力，如採取對下屬調職、減薪、降級或解僱等方式，讓部屬接受其領導之權力。強制權的使用，容易引起部屬的畏懼；強制權的濫用，必會引起部屬的反感。過度行使強制權有時反而會使領導者變成無效的管理者，聰明的領導者最好是將此種權力「備而不用」。

★專家權（expert power）

領導者因為擁有某種訊息、情報或專業技能而擁有的權力，有助於組織任務之遂行，並可贏得部屬對其尊敬與信從。一般而言，專家（知識）權是個人可以無限制增長的權力，知識越重要、擁有知識的人越少，權力越大。知識的獲得，利最多，害最少，是最值得領導者追求的權力。

★典範權（referent power）

領導者因為其名望、聲望、個人特質而擁有的權力，例如個人之獨特人格特質、德高望重情操，以言教、身教獲得部屬之認同與友誼所建構的權力基礎。此權力來自於部屬的尊重、仰慕及忠誠，亦是領導者魅力的基礎。

★資訊權（informational power）

未來領導者是組織中充分掌握資訊流量之樞紐者，因此，控制資訊即掌握組織權力。

英國前首相柴契爾夫人（Margaret H. Thatcher）說：「當領導人和當淑女其實沒有什麼兩樣。如果你老要提醒別人你是，就證明你根本不是！」

領導者的條件

運用領導者個人的影響力來激發部屬的信心與熱忱，則能誘發部屬的潛能，使其發揮最高的工作能力，願盡全力達成組織的目標。成功的領導者必須具備某些共同特性，這是無庸置疑的。

★品德

品德指的是能夠明辨是非，並且有膽量去做正確的事。美國第十六任總統林肯（Abraham Linclon）說：「如果你要測試一個人的品德，就給他權力。」所以，西諺云：「好的倫理為經營之道」（Good ethics is good business）。企業競爭，不只是策略、技術和創新的競爭，最後決勝負的關鍵，往往掌握在領導者的「品德」手上，因為信賴耕植於品德上。

★情緒穩定

領導者必須能夠禁得起挫折和壓力，忍辱負重，受苦耐煩，不以感情用事，樂於接受批評，才不致於因「情緒」作祟，一敗塗地。美國著名政治家班傑明‧富蘭克林（Benjamin Franklin）說：「把別人的中傷寫在塵土裡，恩惠則刻在岩石上。」

★意志堅強

領導者應是非常實際、有條有理、有方向感，才能帶動團隊，無論對事對人，須重客觀而不偏重於主觀，須有定見而不固執成見。《新約聖經‧馬太福音》第十二章二十節說：「壓傷的蘆葦，它不折斷；將殘的燈火，它不吹滅。」

★洞察力

發現「萬有引力」的艾薩克‧牛頓（Isaac Newton）說：「如果說我看得比別人更遠，那是因為我站在巨人的肩膀上。」領導者必須能夠預見將來，並說服他人，使其相信你所提出的「願景」是值得為之奮鬥的。

★企圖心

企圖心則是追求成就的自我驅動力量，領導者空有企圖心不夠，還要有格局與視野，凝聚共識，具說服力，才能創造舞台，更要具備在舞台演出的能力。《三國演義》在第二十一回有一段話說，劉備投奔曹操後，與漢獻帝的舅父董承合謀，準備誅殺曹操。一天，曹操請劉備飲酒，劉備應召前往。「今天下英雄，惟使君與操耳！」曹操說時用手指指劉備，又指指自己。劉備的企圖心，被曹操一眼看穿，劉備聽後大吃一驚，手中的湯匙筷子不覺落到地下。

★直覺能力

當今世界變化迅速，加之資訊超載，領導者需要學習如何應用自己的直覺能力和憑藉自己的「膽色」（冒險性格）來進行決策。法蘭西第一帝國及百日王朝的皇帝拿破崙・波拿巴（Napoléon Bonaparte）軍事成功的原因，與他天才性的策略直覺（strategic intuition）有關。

★危機處理能力

危機對於一個組織來說，可能是災難，也可能是轉機。德國哲學家卡爾・馬克思（Karl H. Marx）說：「在科學上沒有平坦的大道，只有不畏勞苦沿著陡峭山路攀登的人，才有希望到達光輝之山頂。」因此，當危機到來之時，作為領導者應是臨危不懼、從容應對，要善於駕御危機，要把危機有效地轉變為工作的轉機。

領導人的殷鑑

曹操除了是一位大政治家，又是個極傑出的軍事家。當時削平群雄，在他幕府下，真所謂謀臣如雲，猛將如雨。同時曹操又是一個大文學家，在他同時一輩能文之士，都網羅在他幕府下，後世稱之為建安文學。曹操更能賞識人才，而又求賢若渴，招攬了許多人才。但是曹操路走錯了，為己不為人，為家不為國，篡漢室為魏國，成為中國歷史上的一位大奸雄，徒具私心的反面人物。

漢末《人物志》的作者劉劭，評論曹操所下的定論是：「子治世之能臣，亂世之奸雄。」（錢穆，1970：73-75）

美國第三十四任總統艾森豪（Dwight D. Eisenhower）說：「作為領導者，最重要的特質當然是要正直誠實，如果缺乏這一點，不論在工作團隊、球場、軍隊或辦公室，你都不可能成功。」

領導人自決身亡

創設「カネカ（KANEKA）」株式會社的服部兼三郎，在名古屋是一位了不起的人物。五十歲出頭，就創造了可觀的業績。可是人的命運實在難以逆料，在大正九年（1920年），他自己了斷了生命，其留下的遺書是這樣寫的：

因為我的領導無方，導致公司陷入困境的結果，深感抱歉。一切的責任在我，我以這樣的形式（自殺），來承擔自己的責任。我最後的願望，是希望不論以何種型態，都要讓公司存續發展下去。我名義下的股票、私有財產，全部提供給公司。但是，我私人名義下的三十萬日圓的人壽保險，希望能將其中的半額交給我的家人……。

大正九年，第一次世界大戰剛結束，以往因戰爭帶來的景氣，快速萎縮，全世界立即陷入了經濟不景氣的時代，當時的商家紛紛採行緊縮政策，解除輸出合約、解除下游承包商的合約、裁員，想盡辦法以因應不景氣，而服部兼三郎堅持「商業正道」，維持以往的契約原則，信守約定。在他進行「自決」（自殺）當時的營業收支還是黑字狀況（有利潤），根本沒有自殺的必要，這就是服部兼三郎（領導人）堅持信守承諾的精神讓人欽佩的地方（池田政次郎著，葛東萊譯，1992：52-54）。

領導人是僕人

領導是一種藝術，用來影響別人，讓他們全心投入，為達成共同目標奮戰不懈。詹姆士・杭特（James C. Hunter）所著的《僕人：修道院的領導啟示錄》（*The Servant: A Simple Story About the True Essence of Leadership*）這本書就提到，我們沒辦法管理「人」，我們只能管理「貨品、支票、資源，甚至是我們自己」。我們只能管理「東西」，人只能「領導」（James C. Hunter著，張沛文譯，2005：42）。

最偉大的領導者，其實便是侍奉、吸收和給予。當領導者就要當被領導者的僕人。《新約聖經・馬太福音》第二十章二十六至二十七節說：「你們當中誰要做大人物，誰就得做你們的僕人；誰要居首，誰就得做大眾的奴隸。」這段話用來強化「領導人是僕人」的理念。

一件神蹟

智利北部科比亞波市（Copiapo）周邊沙漠地帶的地下礦場，2010年8月5日有三十三名礦工正在地底625公尺的深處吃午餐時，一聲轟然巨響，礦坑霎時崩塌，經過了三、四個小時灰濛濛的處境，碎石、灰沙才逐漸塵埃落定。他們的頭頂上方，是重達70萬噸的岩石；他們的活動空間，是僅14坪的臨時避難處；他們的食物，是吃剩的午餐與兩天的食糧。

當這些礦工心神稍微平靜後，七嘴八舌的意見就在漆黑的坑穴中響起。有人說一日內就會挖通，有人說救援最多不會晚於兩天；三十三種看法、意見在黑暗中碰撞，找不到一個令眾人滿意的結論。在驚慌紛爭的局面僵持不下時，戲劇般地，領班路易士・鄂蘇亞（Luis Urzua）開口說：「這種時候如果我們沒有辦法團結，一同為生存奮鬥，我們就只能相互爭吵，在分裂中等待死亡。」眾人好像在黑夜裡找到可捕捉的燭光，願意讓鄂蘇亞帶領他們的命運向前。

為什麼三十二個來自四面八方的人們，願意在極其恐慌、無助的環境下，接受一個認識不到三個月領班的管理、支配？願意相信他，受他帶領，同心合意突破難關？因為領班鄂蘇亞身上擁有兩個關鍵特質：

- **慈愛**：根據礦工們的形容，雖然新上任的領班和他們相處不到三個月的時間，但從平日的生活中，他們感受到他的照顧與真實流露的愛。
- **公平**：他處世正直，對所有的同仁都一律公平、公正，沒有任何私心。

鄂蘇亞一取得食物的控制權，立即做出兩個可能是整個事件中最重要的決定：第一，規定所有的人，每四十八小時才能吃「一餐」（包括兩小湯匙的鮪魚，一片口糧，兩口牛奶）。第二，規定領到食物的人不能先吃，要等三十三人都領到後，才能一起吃。於是較慢領取的不致驚恐、擔心。他定下規律的作息時間表，且規定每人需有秩序的「按表操課」，八小時睡眠，八小時工作，八小時吃飯、運動、娛樂，這是維持眾人心理上保持穩定的重大因素。

六十九天過後，沒有人精神崩潰，失序瘋狂，終於在10月14日三十三名礦工全數獲救，創下礦災地底最長存活紀錄（〈智利礦工為什麼能夠活了69天〉，http://www.dfxinli.org/index.php/2011/06/04/chile-miners-why-can-live-69-days/）。

結語

培養領導人是企業永續經營的重要因素之一。前奇異電器公司（General Electric Company, GE）的總裁傑克・威爾許（Jack Welch）是全球公認二十世紀最知名也最成功的企業領導人，他父親是火車查票員，母親是家庭主婦。所以，領導人是後天培養出來的，一位領導者的胸襟視野需要培養孕育。

運籌帷幄話卓越管理

夫運籌帷幄之中，決勝千里之外，吾不如子房。

——《史記・高祖本紀》

民國89年7月22日週六傍晚時在嘉義地區發生了「八掌溪事件」（按：四名工人於番路鄉吳鳳橋下游八掌溪河床上遭洪水圍困，苦等救援不至，最後不幸滅頂死亡）。國軍搜救中心首先報告，當時接到嘉義縣警察局提出申請，即依規定通知駐防台中水湳機場之警察直升機派機前往。然而，空中警察隊台中分隊卻推卸責任，要求派空軍救護隊「就近」前往。搜救中心追問原因，該隊又答「立即起飛」。待直升機終於升空時，四名工人卻已被洪水沖走。然而，行政院新聞局卻遲至翌（23）日清晨七點才向行政院長唐飛通報。

在監察院派員實地調查發現，警政署空中警察直升機隊值勤機組人員在當日下午提前「溜班」，以致受命時無法立即起飛。因其無視任務之急迫性，使原來可以避免的慘劇發生了。更不可原諒的是，事後偽造飛行紀錄，更改起飛降落時間，企圖卸責。

八掌溪事件暴露各級單位對作業流程的生疏與不重視，及上級的督導不足。此次事件事後處分消防署各級人員的目的，是在警惕各階層消防工作人員要他們視民如命。為了避免此一漏洞百出的事件再度發生，內政部消防署終於成立了一元化災害預防與救難機制（唐飛，2011：196-204）。

拿破崙說：「不會從失敗中找尋教訓的人，他們的成功之路是遙遠的。」

把事情做對

管理（行為）是有效地把事情做好，領導（思想）是確定做的事是否正確。管理是在成功的階梯上努力往上爬；領導則指出所爬的階梯是否靠在正確的牆上。管理是分析、推理、規劃、應用等左腦（主司邏輯思考與語言能力）所擅長的活動；領導是力道十足的右腦（執掌創造力與直覺）活動，有某種哲學為基礎而近乎藝術。管理的層次低於領導。因此對各行各業而言，領導都重於管理（Stephen R. Covey著，顧淑馨譯，1997：94、125）。

管理是把事情做好、做對（to do the things right），領導則是去做對的事情（to do the right things）。所以，管理通常重視處理現在的事情，領導常常想的是未來的經營。

在「做對事」與「把事情做對」的過程中，就是做一連串的決策：

- 什麼事情是對的？什麼事情是錯的？
- 哪一項是對的？哪一項是錯的？
- 如何做是對的？如何不讓錯誤發生？

・做出來後，果真是對的嗎？
・如果做錯，如何改正？

一連串的「決策」代表一連串的質疑；一連串的質疑，也就是一連串的辯證。因為，事情的「對」與「錯」可能沒有標準，可能是主觀的，也因為如此，需要運用管理。

管理要素

管理是指跟別人一起或透過別人使活動完成得更有效的過程。為了確保做對事情，管理有一套運作方式將一連串的「決策」結合成系統，包括：企劃（planning）、組織（organizing）、領導（leading）及控制（controlling）等職能，協調相關資源以期更好地達到組織目標的過程。

★企劃

制訂組織目標及達成的最佳策略，並設計完成的程序與做法。包括制度、流程、績效、人員、作業。

★組織

建立完成目標所需要的角色、責任、權力結構與工作結構。

★領導

引導並啟發組織成員，使之努力完成組織目標。包括：創新、組織文化、凝聚共同價值、任務成果把握和績效創造。

★控制

評估組織成員的工作及成效，確使目標能順利完成。包括：人員、財務、作業、資訊和組織績效。

以上四種管理功能環環相扣，從管理者的決策或行為，很難切割出哪一件工作是單獨的企劃、組織、領導及控制（洪明洲，1999：17）。

效率與效能

效率（efficiency）在字典中釋義為單位時間內完成的工作量。從管理學角度來講，效率是指在特定時間內，組織的各種收入與產出之間的比率關係。效率與投入成反比，與產出成正比。

效率包括兩個要素：一是產品（金蛋），也就是你希望獲得的結果；一是產能（鵝），也就是你藉以達到目標的資產或本能。產品與產能必須平衡才能達到真正的效率。一天拜訪二十個客戶，看似頗有效率；但如果沒有一紙訂單，其效益不如針對五個客戶做充分準備。「欲速（效率）則不達（產能）」就是倉促行動而省略企劃的結果。

「正確地做事」強調的是效率，其結果是讓我們更快地朝目標邁進；「做正確的事」強調的則是效能（effectiveness），其結果是確保我們的工作是在堅實地朝著自己的目標邁進。換句話說，效率重視的是做一件工作的最好方法，效能則重視時間的最佳利用，這包括做或是不做某一項工作。全球知名的麥肯錫管理顧問公司（McKinsey & Company）卓越工作方法的最大祕訣就是，每一個麥肯錫人在開始工作前必須先確保自己是在「做正確的事」。

有效的管理者

彼得・杜拉克說，要成為一個卓有成效的管理者，必須在思想上養成的習慣有：

‧有效的管理者必須知道他們時間用在什麼地方。
‧有效的管理者重視對外界的貢獻。他們並非為工作而工作，而是為成果而工作。
‧有效的管理者善於利用長處，包括自己的長處、上司的長處、同事的長處和下屬的長處。
‧有效的管理者集中精力於少數重要的領域，在這少數重要的領域中，如果能有優秀的績效就可以產生卓越的成果出來。

有效的管理者必須善於做有效的決策。他們知道有效的決策事關處事的條理和秩序問題，也就是如何按正確的次序採取正確的步驟（Peter F. Drucker著，許是祥譯，2009：22-23）。

泰勒制與福特主義

「泰勒制」（Taylorism）是美國工程師泰勒（Frederick W. Taylor）所創建的工業管理制度，以身體最強壯、技術最熟練的工人完成每一道工序所需的時間為依據，訂出生產效率最高的操作方法、標準工作量，再由完成工作量的多寡訂出不同工資，在這種制度下，勞工只有不斷加班、更密集的勞動，才能賺到更多的工資。「泰勒制」由於其單調、刻板的高強度勞動模式，被稱為「榨取血汗」的科學制度。

「福特主義」（Fordism）出現在1908年密西根州（Michigan）的福特（Ford）汽車公司，為生產「模式—T福特車」（Model-T Ford）時，所發展出來的「生產線」（用以取代集中裝配生產方式）的生產模式。它指的是標準化、制式化勞動過程，以降低勞動成本、提高勞工生產力，達成「薄利多銷」的目的。

在「福特主義」下，工人可能賺到更多工資，但是整個勞動生產過程已淪為零碎化、低技術化，在如汪洋大海般的標準流程的生產線上，個別勞工的技能或特色早已滅頂。

「福特主義」製造了數量龐大的生產線勞工，「泰勒制」成為所有生產線工人的惡夢，這種「福特主義＋泰勒制」的生產模式曾經盛極一時，成為二十世紀初期工業管理顯學；不過隨著勞工意識抬頭，缺乏人性溫暖、把工人當成零件的生產模式，逐漸發生問題，例如零碎、低技術、沒有成長空間與毫無生氣的工作型態，接連引起罷工或怠工，而生產流程愈發精密且細緻，只要一個螺絲釘出錯，就可能導致重大且無法估算的損失。到最後，集中在大工廠中、有如螞蟻群般的工人們，反而成為資本家最大的威脅（許玉君，2010/05/30，A2財經版）。

梅約診所的價值觀

1880年代，一場龍捲風摧毀了美國明尼蘇達州（Minnesota）羅徹斯特（Rochester）這個小鎮後，梅約醫生（Mayo）一家人與當地教堂修女成立了聖瑪麗士診所（Saint Mary's Clinic），後來改名為梅約診所，發展迄今，已是跨全美共有三家醫院的標竿醫療院所。從1910年開始，梅約診所發展出「以病人照護為主」的獨特模式，享譽國際。《美國新聞與世界報導》（*U.S. News & World Report*）對美國最佳醫院的排名中，梅約診所排名第二，僅次於約翰・霍普金斯大學（The Johns Hopkins University）附設醫院。

服務業權威大師李納・貝瑞（Leonard L. Berry）與梅約醫學中心行銷主管肯特・賽特曼（Kent D. Seltman）所撰寫的《向梅約學管理：世界頂尖醫學中心的三贏哲學》（*Management Lessons from Mayo Clinic: Inside One of the World's Most Admired Service*

Organizations）一書，揭露了梅約醫學中心這個複雜的服務組織，如何培養出一個超越顧客期望並獲得顧客及員工高度忠誠的文化。醫學中心的經營概念如何產生一流的臨床成效、創造驚人的組織效率和卓越的人際互動服務。

梅約診所的三個盾牌的標誌，就代表了梅約診所的核心價值，即透過教育、研究及臨床服務（實踐）三者的結合，為每個病人提供最佳的醫療服務。

在二十一世紀，梅約醫院以下列的核心價值，作為其診所「永續經營」的管理指標。

- 繼續追求服務理想，而非追求獲利。
- 繼續以個別病人的照護與福利為首要考量。
- 繼續讓團隊成員彼此重視專業方面的精進。
- 願意因應社會不斷變遷之需要而做出改變。
- 繼續致力於凡事追求卓越。
- 繼續以絕對的誠信管理所有事務。（邱仲慶，http://www.chimei.org.tw/2011_newindex/column/cmh/9811.html）

我們有什麼不同？

如果有人問我（指黃達夫），我們（指和信治癌中心醫院）有什麼不同？制度上，第一個不同的地方就是我們沒有管理部，醫院裡沒有人能管理誰，主管的職務不在管理而是負責統籌協調，以達成該部門的任務。

醫院的行政部門必須是一支極具效率的後勤部隊。因為病人到醫院來找我們的醫師，真正在照顧病人的是醫師和醫事人員。行政人員雖然是醫院中不可或缺的一環，但是扮演的是配合、協助醫護人員，幫忙醫事部門提高工作效率，使醫事人員能得心應手的照顧病人的角色，他們永遠是醫療團隊中的無名英雄（黃達夫，1999：132-133）。

結語

管理的對象主要是人。人們之所以一起工作，是為了要達成組織的共同目標，以及自己的個人目標。過去大家認為要成為一位管理者，必須學會如何企劃、組織、領導和控制，但是目標在變動，人與事也在變動，我們不一定事事都可以按部就班去做計畫，然後予以控制。因此，我們必須臨機應變，隨時隨地採取有效的措施，去處理各種問題。換言之，我們必須「不斷嘗試、不斷執行、不斷改正」。

爾虞我詐話策略規劃

我無爾詐，爾無我虞。　　　——《左傳‧宣公十五年》

《愛麗絲夢遊仙境》（*Alice's Adventures in Wonderland*）是由英國作家道奇森（Charles L. Dodgson）以筆名卡羅（Lewis Carroll）出版的兒童文學作品。其中有一段耐人尋味的小場景，當愛麗絲追著拿著掛錶的兔子迷失在樹根的大洞時，一時心慌不停地橫衝直撞，卻找不到出路！站在十字路口的愛麗絲著急不已，不禁掩面「嗚……嗚……」地哭了起來。這時候，正巧一隻貓從旁邊走過，她急忙拉住貓先生問道：「我該走哪條路？」

貓紳士問她：「妳要去哪裡呢？」愛麗絲一邊擦著眼淚一邊回答：「我也不知道要去哪裡！」貓先生回答她：「如果妳不知道要去哪裡，那麼走哪一條路又有何差別？」

古人有「三定」的精闢名言：「凡事要預先拿定主意，硬定腳跟，壯定膽氣。主意定，便不惑錯；腳跟定，便不忙亂；膽氣定，便不怯懼。」有主意，頭腦清楚，是下決心；有根基，基礎牢固，是有能力；有膽氣，無所畏懼，是有氣魄（〈菜根新譚：如何渡過入職頭30天〉，http://jiaren.org/2011/09/09/caigen-xintan-16/）。

策略涵義

企業做選擇時，難在無法預測他人的行動。如何與眾不同，在真的面臨必須有所取捨時，絕不能腳踏兩艘船。如果你能兼顧兩者，別人也能。例如：產品多樣化及消費者區隔，即是美國著名的企業家艾爾佛烈德・史隆（Alfred Sloan）為通用汽車（General Motors）定下的策略。史隆的架構則讓通用汽車有機會接觸市場，變得更有適應力，並且能夠成長。

策略（strategy）亦作「謀略」或「計謀」，軍事上的用語稱「戰略」。魏國劉劭所著《人物志・接識》上說：「術謀之人，以思謨為度，故能成策略之奇，而不識遵法之良。」而在唐朝杜甫所撰的〈送靈州李判官〉詩中說：「將軍專策略，幕府盛材良。」策略一般是指可以實現目標的方案集合，根據形勢發展而制定的行動方針和方法。

彼得・杜拉克說：「決策者面對的不是明天該做什麼，而是今天當做什麼，策略思考才能因應未知的明天。」

組織能力金三角

企業競爭力有賴策略能力與組織能力的緊密結合。好的策略若沒有組織能力的相對配合，將不能產生足夠的競爭力來達成企業目標。

組織能力的強弱展現於員工能力（employee competence）、員工思維（employee mindset）和員工治理（employee governance）三

個層面。

★員工能力

這是關於員工「會不會」的問題。當公司計畫建立符合企業策略所需的組織能力時，需要和擁有什麼樣的人才？現在和未來能力的差距在哪裡？員工能力如何提升？

★員工思維

這是關於員工「願不願意」的問題。員工的價值觀、對公司願景的瞭解與認同、升遷、獎酬的依據和工作態度等，往往影響到他所採取的行動和反應，而企業如何影響和塑造企業文化、改變員工的思維？

★員工治理

這是關於「容不容許」員工的問題。公司所提供的組織架構是否能釐清權責、聚焦重點和專業分工？或是產生障礙，使人員、工作流程、資訊和創意無法順暢整合？（楊國安／引自：張育美，2011：194-195）

著名的管理學家和經濟學家麥可・波特（Michael E. Porter）說：「策略的本質就是選擇什麼事情不做。如果不做這番折衷，那麼就沒有必要做選擇，也不必講究策略。任何好的主意和觀點馬上會有人模仿，結果是經營績效又回歸原點，完全看營運效率而定。」

〈隆中對〉vs.〈榻上策〉

〈隆中對〉（〈草廬對〉），記載於《三國志・諸葛亮傳》，是東漢末年，諸葛亮隱居隆中期間首次會見劉備時，縱論天下大勢和統一國家根本大計的一席談話，為中國古代一篇重要歷史文獻，對現代領導者增強戰略思維能力大有裨益。

諸葛亮從天時、地利、人和三大視角，綜合診斷分析了劉備所處的大環境和他的優勢與劣勢，提出先取荊州為家，再取益州形成鼎足之勢，繼而圖取中原的戰略構想。劉備三顧茅廬之後，諸葛亮出山成為劉備的軍師，劉備集團（蜀國）之後的種種攻略皆基於此一觀點。

但早在西元200年，江東的魯肅已經向守成之主孫權提出過〈榻上策〉，這一篇絕不亞於〈隆中對〉的超級戰略，後來也成為東吳的治國方針。魯肅開篇就明確指出：「漢室不可復興，曹操不可卒除，為將軍計，唯有鼎足江東，以觀天下之釁。」魯肅將天下大勢看得一清二楚，並且認為孫權所保有江東之地仍有巨大發展潛力，應該固守。接著他提出要「剿除黃祖，進伐劉表，竟長江所極，據而有之，然後建號帝王以圖天下。」從字面理解，就是要讓孫權伺機奪取荊州，將長江完全據為己有，利用滔滔天險作為資本，與群雄爭奪天下。

諸葛亮與魯肅的眼光之獨到，也為今後三足鼎立的發展定下了規則，這都是他們二位對當時天下局勢的診斷後，建議雇主（劉備和孫權）要採取的「策略方針」。

紅海策略

二十世紀八〇年代以來，競爭策略之主流思考是以競爭為中心的「紅海策略」。麥可・波特認為，影響產業競爭態勢的因素有五項，分別是「現有廠商的對抗強度」、「新加入者的威脅」、「供應商的議價能力」、「購買者的議價能力」及「替代性產品或勞務的威脅」。透過這五力的分析，可以測知該產業的競爭強度與獲利潛力，充分運用傳統產業經濟學所累積的知識，轉換成為企業經營策略的思考準則。

波特指出，企業有三種基本的策略選擇，分別是「成本領導策略」、「差異化策略」、「目標集中策略」。他認為，企業要獲得相對的競爭優勢，就必須做出策略選擇；企業若未能明確地選定一種策略，就會處於左右為難的窘境。

俗話說：「做決定之所以困難，乃是因為我們不知道自己要的是什麼，也不知道我們對它的渴望有多深。」

藍海策略

金偉燦（W. Chan Kim）與芮妮・莫伯尼（Renée Mauborgne）在其著作的《藍海策略——開創無人競爭的全新市場》（*Blue Ocean Strategy: How to Create Uncontested Market Space and Make the Competition Irrelevant*）書中，卻提出了與波特不同的論點，即相當有說服力的「藍海策略」思想，引發全世界高度的學習熱潮。

自工業革命以來，企業競爭激烈並競相追求獲利永續成長，公司競爭以搶占優勢，市占率，力求差異化。然而，這些競爭策略絕非未來創造獲利成長的正途，而必須突破現狀，以「不靠競爭而取勝」（Winning by Not Competing）的創意策略思維來擬定策略，打造迎向未來的策略，並以經濟迅速的方式確實執行，對於台灣高科技產業有所啟發。

割喉競爭的唯一下場，就是血染成河（紅海），彼此競爭的是價格，因為它們只能靠大量生產、降低售價來獲取利潤（薄利多銷）。成功的企業真正持久的勝利不在競爭求勝，它們創造出一片蔚藍大海（blue ocean），擺脫其他競爭者，或者完全沒有競爭者，創造出屬於自己的市場（不需要多花研發預算，只要找出產品獨特價值就能提高售價），這種兼顧成長與獲利的「價值創新」（value innovation）策略，可創造重大價值，讓對手相形見絀，無法趕上。

沒有動物的馬戲團

1984年，幾個來自加拿大魁北克（Québec）會踩高蹺的街頭表演工作的年輕人，創建了太陽馬戲團（Cirque Du Soleil）。他們利用過去流浪式表演的馬戲團帳棚作為表演的場地，表演踩高蹺、雜耍、變戲法、吞火等特技。

傳統的馬戲團向來都以討好兒童為主，而太陽馬戲團的執行長拉里拉貝（Guy Laliberte）不願跟當時的龍頭老大，已經營了一百多年的「玲玲馬戲團」（Ringling Bros. and Barnum & Bailey）正面競爭，相反地，太陽馬戲團洞悉到當時沒有人瞭望到的藍海，不以提供兒童娛樂為目的的表演市場，而是反其道而行，另闢蹊徑，創造出無人競爭的新市場空間，這層體認使太陽馬戲團走出紅色海洋的競爭路線，邁向全新的藍海領域。

為了吸引全新顧客群，它「消除」了傳統馬戲的動物表演（大幅降低成本結構）、中場休息時的叫賣小販；「減少」了特技表演帶來的驚險刺激。然而，太陽馬戲團居然可以「提升」它的票價（策略定價），締造前所未有的成功轉型，因為太陽馬戲團「創造」出許多同業沒有提供的價值——它招募一批體操、游泳和跳水等專業運動員，好讓他們踏上另一座舞台成為肢體的藝術家；善於運用色彩、炫麗的燈光、撼人的音樂、華麗的服飾，加上融合歌舞劇情的節目製作，創造感官上的新體驗，締造出成功的藝術表現。

許多成年觀眾以及企業團體因此成了忠實觀眾，這些新客戶讓太陽馬戲團掙脫傳統的桎梏，走上藍海的道路。

經營了百年的全球傳統馬戲團霸主玲玲馬戲團，因受到以兒童為主要顧客群寧願在家看電視、玩遊戲，也不願出門看馬戲團表演而快速流失的影響，營運日趨困難（W. Chan Kim & Renée Mauborgne著，黃秀媛譯，2005：28-32）。

由此可知，在藍海中，競爭毫無意義，因為遊戲規則根本還未成型。

諾曼第登陸

諾曼第登陸（Invasion of Normandy）是第二次世界大戰中非常重要的一次戰役。盟軍在這次戰略計畫階段，各種軍種已經把他們希望的天氣型態，向氣象官提出來。氣象幕僚們經過研究後，認為要符合上述要求的天氣，必須到6月才能出現。所以氣象幕僚們給了盟軍統帥艾森豪將軍（Dwight D. Eisenhower）6月6日及6月18日這兩個可能符合要求的日子發動登陸戰。

不過一直到了6月4日，天氣還是非常的惡劣，大家對這樣的天氣是否適合攻擊抱著懷疑的態度。盟軍耽心天氣對作戰的影響，德軍的想法也是相同的，正因為如此，德軍統帥研判（策略選擇）盟軍渡海登陸的可能性很小，防衛鬆散，還批准了很多軍官休假，甚至還趁著壞天氣的時候把大批部隊調防。

艾森豪將軍本來猶疑不決，不過盟軍的氣象幕僚們仍然堅持6月6日將是一個理想的登陸天氣。艾森豪將軍最後說：「不管天氣如何，我們必須展開行動，再拖下去會更危險，所以開始行動吧！」

在當時，如果盟軍放棄了第一個日子（6月6日）登陸，第二個日子（6月18日）也不能用，因為6月18日至22日，都是狂風暴雨的天氣，則盟軍要在諾曼第登陸至少要延長一年之久。這世界變幻莫測，不會慢慢地等你下決定，有時候就必須冒險一下，然後一面行動，一面修正方向。

四平街會戰

1946年6月1日，孫立人將軍率國軍新一軍迅速追過松花江北岸，抵達雙城，哈爾濱遙遙在望。哈爾濱城內東北局已將物件裝車，準備隨時棄城出走了。正在此千鈞一髮之際，突然間，峰迴路轉，晴天霹靂，新一軍接到蔣中正的停戰命令，6月7日起，國軍停止追擊。從此東北國軍士氣日漸低落，所有軍事行動亦陷於被動地位，可以說，這第二次停戰令之結果，就是國民政府在東北最後失敗的關鍵。

蔣中正在他撰寫的《蘇俄在中國》書中做出了這樣的結論：「從此東北國軍，士氣就日漸低落，所有軍事行動，亦陷於被動地位。可以說，這第二次停戰令之結果，就是政府在東北最後失敗之唯一關鍵。」蔣中正在這裡把最後國軍在東北失敗，四十七萬精銳國軍盡喪敵手，完全歸咎於他自己頒發的那道第二次停戰令。

白崇禧將軍1956年在台灣呈給蔣氏一封密函中，痛陳當年在東北沒有乘勝追擊林彪敗軍而任其坐大反噬這一「養虎遺患」教訓。（白先勇，http://21ccom.net/articles/lsjd/lccz/article_2011090244614.html）

策略就如下棋一般，走錯一步，全盤皆輸。

結 語

兩鳥在林，不如一鳥在手。策略選擇的真正意義，就是解決權衡取捨的難題，再理想的策略，如果不認真落實也是枉然。找對的人，是執行策略的基石。

鞠躬盡瘁話授權賦能

祖妣夫人與顯考鞠躬盡瘁，誓勿蹶其門。

——明・宋濂〈先府君蓉峰處士阡表〉

從前，有隻小母雞，牠擁有一片麥田。

「誰要幫我收割這些麥子啊？」牠問道。「我不行，我不知道怎麼做。」小豬答道。「我不行，我笨手笨腳的。」小牛答道。「我不行，我忙別的事呢！」小狗答道。小母雞只好自己來。

「誰要幫我把這些麥子磨成麵粉啊？」牠問道。「我不行，這也是一門我不懂的學問。」小豬答道。「我不行，你自己做會來得更快。」小牛答道。「我很樂意，但是我還有更緊急的事要辦，以後再說吧！」小狗答道。小母雞只好自己來。

「誰要幫我做麵包？」小母雞問道。「我不行，沒有人教過我。」小豬答道。「我不行，你比我有經驗，你自己做要比我快上一倍。」小牛答道。「我不行，我下午有其他的計畫，但是下次我會幫你。」小狗答道。小母雞只好自己來。

這天傍晚，當客人紛紛前來參加這盛大的餐會時，小母雞除了準備了麵包以外，沒有其他的東西可招待。因為牠一直忙著做那些原可由別人代勞的工作，以至於忘了準備主菜、甜點，甚至忘了擺出漂亮的銀餐具。

一位好的主管會找出讓人各盡其才的參與方式，凡事自己來只是一種不合時宜的膽怯方式。

有效授權

授權（authorization），是指主管將職權或職責授給某位部屬擔任，並責令其負責管理性或事務性工作。授權是一門管理的藝術，充分合理的授權能使管理者不必親力親為，從而把更多的時間和精力投入到企業發展上，以及如何引領部屬更好地運營企業。

一手打造「奇異傳奇」的傑克・威爾許，把管理行為界定為：「清楚地告訴人們如何做得更好，並且能夠描述出遠景構想來激發員工的努力。」也就是說：「傳達思想、分配資源、然後讓開道路，讓員工們有更大的自由和更多的責任。」

有效授權能夠讓管理者從繁雜的事務中脫身而出，專注於提高管理，為瞄準組織戰略去努力，以培養團隊的有效辦法。更重要的是，在激勵員工方面，有效授權讓員工感受到啟動自己智慧的快樂，而不是限制在一個固定的圈子裡做枯燥的重複性事情（弗蘭克，2006：180-182）。

授權的好處

在娜達莎・約瑟華滋的著作《做個成功主管》（*You're the Boss!*）一書中提到，授權的好處有：

- 你可以有更多的時間去做其他事了。
- 不論成功與否，被授權的人都獲得了成長發展與可貴的經驗。
- 你現在已經變成一個好的「老師」或「教練」了。
- 這種雙向溝通的目的與結果增加了組織的互動與和諧。
- 讓部屬有展現自己實力的機會，增加他們的任事能力與自信心。
- 可以不斷地加強組織內互信的基礎。（娜達莎・約瑟華滋著，李璞良譯，1995：139）

主管不想授權的理由

從企業實踐來看，授權一直是困擾主管的問題之一，主管不想授權可能基於下列一般常見的理由：

- 害怕萬一授權出去的工作搞砸了，你將受到責備。
- 自己做比較快，授權給別人做，會浪費時間，我實在沒有時間去教導別人。
- 你對工作該怎麼著手仍沒有把握，所以最好由自己來做。
- 如果充分授權的話，對方萬一表現得比我還要好時，該怎麼辦？搞不好有一天我就會被「做」掉了。
- 將時間花在向別人解釋如何進行一項工作，會浪費你的寶貴時間。
- 沒有人能做得像你那麼好。
- 確實無人可以授權。果真如此的話，你是在管理什麼呢？
- 你覺得必須親自參與工作，以便密切觀察工作團隊的實際狀況。

・沒有適合的人選！（英國安永資深管理顧問師群著，謝國松等人譯，1994：173）

USF&G公司前執行長布雷克（Norman Blake），在他加入該公司之初，因為公司投資不當，以及失去主要業務的焦點而瀕臨破產的邊緣。他回憶說：「在我踏入公司的早期，我們成立幾個工作小組，以培養員工的使命感和參與感。我們發現，這些小組的競爭力普遍低落，手中的工作技巧又不切實際。老實說，我們當時正在策動一場宮廷革命。重點是，有意義的授權具有兩項主要的成分。首先，你必須下放權力，同時仔細的界定範圍；其次，企業、各部門、各單位，乃至各小組的競爭力必須可以匹配他們分配的任務。如果兩者俱缺，所謂授權根本毫無意義。」（Quinn Spitzer & Ron Evans著，董更生譯，1999：134）

充分信任的授權

充分信任型的授權，才是有效的管理之道。它必須是管理與被管理者雙方對以下事項，有足夠的默契與共識。

★預期的成果

管理與被管理的一方須對預期的結果與時限進行溝通，寧可多花時間討論，確定彼此認知無誤。討論注重的是結果，不是過程。

★應守的規範

授權有一定的限度，必須加以規範，但切忌規範太多，以免掣肘。然後也不可過度放任，以致違背了原則。對可能出現的難題與障礙，應事先告知對方，避免無謂的摸索。

★可用的資源

雙方確定可用之人力、物力、財務、技術或其他資源。

★責任的歸屬

約定考評的標準及次數。

★明確的獎懲

依據考評結果訂定賞罰，包括金錢報酬、精神獎勵與職務調整等等（Stephen R. Covey著，顧淑馨譯，1997：146-147）。

《舊約聖經・出埃及記》

在西方歷史上，未能授權的最早紀錄見於《舊約聖經・出埃及記》的第十八章。摩西（Moses，西元前十三世紀的猶太人先知，舊約聖經前五本書的執筆者）在帶領他的子民離開埃及時，對自己工作的知識和權威深具信心，因此堅持親自處理在以色列所發生的一切爭執，這個工作使他忙碌的程度如《聖經》上所寫的：「從早到晚」。他是小申訴法庭、地方法庭和最高法庭的唯一仲裁者，別提其他純粹聖職的責任了。

摩西的岳父葉忒羅（Jethro），一位明智的教士，瞭解到這是對領導者時間的誤用。他說：「你這件事做得不好，你的意志必然會磨損，不僅是你，還有跟隨你的人們；因為這件事對你來講負擔太沉重，你無法獨自來承擔。」（艾德・布利斯著，黃惠貞譯，1987：39）

根據上述這段文字的描述，首先，教導員工遵守法律與規條；其次，選出合格的主管，分層負責，全權處理小事情及例常事務，讓領導者能專注於主要的決策和長程的計畫。許多主管就像摩西一樣，樂於享受所有決定由自己來做所帶來的全能感。其實這種做法不僅是誤用自己時間的方式，而且僵化部屬的創造力，並壓制了他們的成長。

事必親躬　死而後已

諸葛亮〈後出師表〉說：「夫難平者，事也。昔先帝敗軍於楚，當此時，曹操拊手，謂天下已定。然後先帝東連吳越，西取巴蜀，舉兵北征，夏侯授首：此操之失計，而漢事將成也。然後吳更違盟，關羽毀敗，秭歸蹉跌，曹丕稱帝。凡事如是，難可逆見。臣鞠躬盡力，死而後已。至於成敗利鈍，非臣之明所能逆睹也。」正說明了諸葛亮在考察了當時的局勢環境後，認為以他的能力，以及許多未能預料的演變，都不足以能夠抵抗強敵。儘管如此，他仍表明了自己的決心，只求竭盡所能。

西元223年，主簿楊顒直接勸諫諸葛亮說：「治理國家有一定的體序，上下不可互相侵犯權力。如今先生掌理朝政，親自閱審簿書，流汗終日，難道不覺得辛苦嗎？」諸葛亮感謝他的提醒。後來楊顒死了，諸葛亮哭了三天。

諸葛亮因積勞成疾，病逝五丈原。杜甫所寫〈蜀相〉詩文中說：「三顧頻煩天下計，兩朝開濟老臣心。出師未捷身先死，長使英雄淚滿襟。」（譯文：從前劉備三顧茅廬煩請他平定天下，所以在劉備與後主兩代中，都靠著老丞相的一片忠心開國與輔佐。他在討伐魏國的戰役中還沒得勝就先死去了，使得英雄豪傑都忍不住悲傷而讓淚水流滿了衣襟）。說明了諸葛亮一生最為人所詬病的便是不注重培養人才，結果造成了蜀國後期處於人才嚴重不足的境地，這一點確是諸葛亮的一大失誤，連捧諸葛亮不遺餘力的《三國演義》都會露出一句「蜀中無大將，廖化當先鋒」的話來。

《韓非子．八經》上說：「下君盡己之能；中君盡人之力；上君盡人之智。」這幾個字，言簡意賅的點醒了分層負責的重要性。

事業部制度

事業部制度，就是把工作授權給底下的人去負責。平時常有的問題，大部分要委由負責人自己去判斷加以處理。為了使其能夠做到這個地步，則每一部門都要成立獨立的一個企業體，而由各部負責人來負起責任進行獨立企業體的全盤經營事項。比方說，銷售部門的，本來的工作只要銷售產品就可以了，但是成立事業部之後，從企劃開始到製造、銷售、收帳等等，都要由該事業部負責人去負責，這樣才可以說是獨立經營體。

松下電器是在1933年5月開始實施事業部制度，把收音機部門劃成為第一事業部；電燈、乾電池部門劃成第二事業部；配線器具、合成樹脂、電熱器部門劃成為第三事業部。事業部制度成立之後，被授權經營事業部門的人，非常感激而奮勉從事，由於他心裡感激，所以真誠熱心的工作，於是大家也都格外的加倍努力，因而帶來了逐漸向上發展的現象（松下幸之助著，陳紀元譯，1996：145-148）。

已故知名企業家潘尼（J. C. Penney）曾表示，他這一生中最明智的決定就是「放手」，在發現獨立難撐大局之後，他毅然決然放手讓別人去做，結果造就了無數商店、個人的成長與發展（Stephen R. Covey著，顧淑馨譯，1997：144）。

致加西亞的信

美西戰爭發生後，美國必須立即跟古巴的起義軍首領加西亞將軍（General Garcia）取得聯繫。加西亞將軍在古巴叢林裡，沒有人知道確切的地點，所以無法寫信或打電話給他。但美國總統麥金萊（William McKinley）必須儘快地獲得他的合作。有人對總統說：「有一個名叫羅文（Rowan）中尉的人，有辦法找到加西亞，也只有他才能找到。」他們把羅文找來，交給他一封寫給加西亞的信。

羅文拿了信（被授權），把它裝在一個油布製的口袋裡，封好，吊在胸口，划著一艘小船，四天之後的一個夜裡在古巴上岸，消逝於叢林中，接著在三個星期之後，從古巴島那一邊出來，已徒步走過危機四伏的國家，把那封信交給了加西亞。他送的不僅僅是一封信，而是美利堅的命運，整個民族的希望。「送信（授權）」變成了一種具有象徵意義的東西，變成了一種忠於職守，一種承諾，一種敬業、服從、榮譽、不辱使命的精神品格的象徵（Elbert Hubbard著，王會勇編譯，2005）。

「送信（授權）」變成了一種具有象徵意義的東西，變成了一種忠於職守、一種承諾、一種敬業和榮譽的象徵。這就是不辱使命，不辜負出使的任務的典型學習範例。

結語

授權賦能，應該授予權力，而不應該授予責任。身為主管的你，必須為部屬的行為負責到底；如果部屬有所成就，你應該將功勞與榮耀歸於他們。所以說，授權賦能給部屬是主管一件很重要的事，而被授權的人也因為能夠把自己所有的能力充分發揮，所以一定會熱心奮力工作，因而自然可以得到理想的成果。

望聞問切話組織診斷

西門慶道：「真正任仙人了！貴道裡望聞問切，如先生這樣明白脈理，不消問的，只管說出來了。也是小妾有幸！」

——《金瓶梅・第五十四回》

早春時分，一個百靈鳥家庭在麥田裡築巢。等幼鳥長大，麥子也成熟了。有一天，農夫看著麥田，自言自語的說：「割麥的時候到了，我得請鄰居來幫忙。」

小百靈鳥聽見，趕緊告訴媽媽：「農夫要來割麥，我們得搬到安全的地方去！」鳥媽媽卻說：「孩子們別急，我們還有的是時間。」

幾天後，農夫又來到麥田，而過熟的麥穗已纍纍垂地。農夫認真的說：「再不能等啦！我得僱用一些割麥手，明天我自己來監工。」

小鳥把農夫的話轉告媽媽。這一回鳥媽媽嚴肅的表示：「我們

的確要搬家了。當一個人不靠別人，準備自己動手做時，他是真心真意要做了。」（溫曼英，1993：280）

《左傳・襄公十一年》說：「居安思危，思則有備，有備無患，敢以此規。」用來指處在安逸快樂環境時，要想到隨時可能會出現危險，接受挑戰。

望聞問切

企業診斷乃是經由系統化的資料蒐集與分析，探查企業現存或潛在的問題與缺失，然後提出具體改善方案，使得企業能健全且永續發展之治理行為。

望聞問切是中醫診病的四種方法，即透過察言觀色來瞭解病情，必要時可加以檢驗與診斷，以探測癥結所在，並對症下藥，以求取健康之道。

- **望診**：觀察氣色，主要是醫生透過視覺獲得與診斷有關的訊息。
- **聞診**：診聽聲息，是醫生根據患者發出的氣味和聲音來判斷疾病。
- **問診**：詢問症狀，是醫生聆聽患者的訴說的診斷方法。
- **切診**：摸脈象，主要是按脈和觸按全身各部位。

企業診斷有如醫療行為。彼得・杜拉克說，過時的理論是一種退化的、威脅生命的疾病。就像外科醫生所堅持的有效的決策原則——拖延是不能治癒疾病一般，他們知道此時必須採取決定性的行動（Peter F. Drucker著，周文祥、慕心譯，1998：42）。

企業診斷目的

企業診斷之目的，在於探索企業經營之現況與未來發展，潛存在哪些問題與缺失，進而提出有效的改善方案。具體的診斷流程，包括擬定診斷之範圍與方法、安排診斷前之準備工作規劃、企業診斷的進度，以及提出企業診斷的報告。

清楚的診斷目的，可釐清企業診斷之範圍，組成診斷人員與團隊（可由內部員工或外界專家擔任），再決定診斷所需的資料，進而選擇企業診斷的調查方法。

企業診斷工具

診斷所需的資料有基本資料、特定資料及其他資料三種。取得調查資料方法有間接調查法（問卷或電話調查）、直接調查法（訪談、觀察）及固定樣本調查法。將調查所得的各種資料及觀察的各種現象，加以彙總和整理，並運用定量的統計或定性的分析，找出問題的癥結所在，進而提出診斷報告及改善方案。因為，科學化的管理，需要有客觀的數據，作為任何決策的依據，才能做出正確的判斷，達到預期最佳的效果。在這些方法中以訪談最為直接、最為有效的諮詢。

在進行診斷分析的時候，諮詢人員有必要用結構式的方式來分析問題，結構性分析對解決複雜問題非常有效。其核心是將複雜的問題以系統的方式分解為若干彼此相互獨立的、相對簡單的小問題，並把這些問題以圖形方式畫在紙上，這樣一步一步地分析下去，就會發現答案就孕育在其中，診斷起來目標就很明確（王革非，2004/02：37）。

企業光明前景的徵兆

本田汽車公司（HONDA）曾被譽為為數不多的成功營銷組織之一。在創立之初，羽翼未豐時，創辦人本田宗一郎（技術專長）和藤澤武夫（管理專長）兩人分析發現，許多企業倒閉是由於資金短缺，企業斷血脈無法生存；當再進一步找出其原因是產品無銷路，而產品為何賣不出去，則是由於技術和市場等因素無法支撐，再進一步分析技術與市場開拓是由人承擔的，而「人的理念」在其中的作用是至關重要的。

一般企業光明前景的徵兆有：具有競爭意識、致力於研究發展、不斷推出新產品、確實進行消費者調查與市場試銷、迅速處理客戶抱怨、品質合乎客戶要求、注意客戶服務工作、適當的定價策略、員工士氣高昂、管理階層作風開朗、組織富有彈性、授權良好、分層負責、在成功的關鍵因素上集中力量。

企業走向困境的徵兆

每一家企業都是以永續經營為其基本信念，但是冷眼細觀企業歷史，能夠超越百年壽命的企業並不多見，這就如同人有生、老、病、死一般，不管擁有多大規模、多好設備的工廠，只要是公司就不能避免倒閉的可能性。

據統計，1896年至1982年，日本前一百大企業，只剩下「王子製紙」和「鐘紡」兩家還在，其他都早已煙消雲散。在企業界中，這種「眼看它起高樓，眼看它樓塌了」的情況，可以說頗為尋常，因為企業組織不像政府機關，可依靠稅收來營運。公司是靠股東們所投下的資金來營運，在經營上必須透過製造、銷售與服務的方式以獲取利潤。

企業走向困境的徵兆有：產品的市場占有率日益降低、產品老舊，顧客普遍感到不滿意、產品品質有問題、交貨時常延誤、資金週轉不靈、生產方式過時、勞資關係不佳、員工流動率高、管理階層的想法與商場實際脫節、將多兵少，頭重腳輕、管理僵化、缺乏彈性、組織上下之間溝通不良、主要股東持股比率降低、質押比率增高、財報有關的人員大批辭職、公司應收帳款快速增加，但現金流量卻沒增加。

反敗為勝艾科卡

李・艾科卡（Lee Iacocca）是近代美國汽車發展史上的傑出人才，他臨危受命出任克萊斯勒汽車（Chrysler）總裁，在短短六年內讓克萊斯勒從破產邊緣，起死回生。他說：「即使遭逢逆境，仍該奮勇向前；即使世界分崩離析，也要不氣餒。天下沒有白吃的午餐，辛勤工作終必有所得。」

艾科卡在六年之中，他戰勝了福特汽車，也使克萊斯勒起死回生，他認為其中最主要的因素之一，就是他很「果斷」。要不是他種種大刀闊斧的改革，盈虧平衡點就不會從1979年二百一十萬輛降低到今天的一百一十萬輛，1983年賺了九億多美元，1984年約賺了二十四億。

艾科卡說：「天下沒有一樁事情是完全一定的、靜止的、有規則的。每件事情都在動、在變，任何事情一定有風險，天下沒有完全不冒險的事情。」這正符合了我們中國人說的話：「自古成功在嘗試。」

泛美航空的隕落與啟示

泛美航空（Pan American World Airways）公司是美國境外的一家航線最廣、歷史最久的航空公司，也是美國國家航運業的化身。經過五十多年的發展，至1980年初已成為全美第三大航空公司，員工人數達三萬多人，擁有一百三十多架各種型號的飛機，航線遍及五大洲五十多個國家的一百多個城市。然而好景不長，十四年後卻以宣布破產而告終。

泛美航空隕落的原因有：

- 主要是對環境缺少戰略分析，對政治（political）、經濟（economic）、社會（social）與科技（technological）（簡稱PEST）分析預測失誤。
- 石油漲價，導致公司營運成本增加，開闢的長途航線，增加了用油的損耗，使公司營利水準急劇下降。
- 飛機製造技術進步，使得公司高耗能源的飛機成為包袱，無法擺脫。
- 美國處於經濟衰退期，市場蕭條。
- 在企業快速成長時，盲目收購其他行業，造成財務危機。
- 1988年12月21日泛美航空103號班機在蘇格蘭洛克比（Lockerbie）上空爆炸，成為其破產的直接導火線（趙文明、何嘉華編著，2003：125-130）。

王安電腦的失敗

1971年，王安電腦公司推出了當時世界上最先進的文字處理機——1200型文字處理機。隨後的幾年裡，王安電腦不斷推陳出新，改進產品性能。到1978年，王安電腦已經成了全球最大的資訊產品廠商。二十世紀八〇年代，隨著個人電腦的迅速崛起，王安電腦賴以生存的文字處理機受到了嚴峻挑戰。但王安電腦仍然死抱著打字機不放，不能及時地跟上個人電腦的發展，最終由盛變衰。

1992年，王安電腦破產了。在1989年後的四年內共虧損十六億多美元，股價也大跌為七十五美分（全盛時期的股價為四十三美元）。許多人將原因歸結於王安本人根深柢固的「家族觀念」，選了個不爭氣的兒子接班，在一年之中讓公司虧損了4.24億美元，並使公司的股票三年中下跌了90%。

王安電腦由盛而衰的原因有：

- **不思進取，產品老化**。自六〇年代以後，王安電腦屢屢推出新產品，此後稱雄達十多年。享盡成功之喜悅的王安本人自傲於自己產品在設計和科技水準上的優勢和聲譽，未認識到在電腦市場上個人用微型電腦正在迅速崛起，他卻仍堅持以中型電腦為主攻方向。當八〇年代中後期國際商業機器（IBM）等公司都已致力於更廉價和更多功能的個人電腦之時，王安自以為是，不聽各方忠告，拒不開發新產品，致使公司的產品趨於老化而又缺乏新生代。
- **服務意識淡化，客戶減少**。電腦客戶從使用方便出發，要求廠家保證電腦具有某些技術標準，以便在不同機種和資料處理系統之間易於交換資料或交互作用。不少公司為了適應這一需求，紛紛推出與IBM產品相容的個人電腦。王安則固執己見，長期堅持生產與IBM產品不相容的電腦，引起客戶的反感和不滿。
- **忽略市場需求，客戶關係緊張**。王安公司透過機器維修和其他附加費用，從老客戶那裡不斷收取錢財，傷害了眾多老客戶的感情。由於王安電腦不注意市場需求，不聽取客戶意見，服務意識薄弱，使得王安電腦與客戶間的關係十分緊張，企業經營走上下坡路已成必然。

- **近親繁殖，人才流失**。王安出於濃厚的父愛，對其長子王菲德寄予厚望，安排其在公司各個部門熟悉情況，但王菲德經營素質欠缺而且剛愎自用，表現令人失望，王安卻不顧他人勸告，仍令其接任父職，出任公司總裁。公司決策層一時矛盾四起，曾跟隨王安二十年的銷售能手憤而離去，致使人才流失嚴重。

1986年，王安所著《教訓：華裔電腦巨人王安自傳》（*Lessons: An Autobiography Dr An Wang*）一書中，給了企管界極大的啟示，讓企管界不敢再誇耀其經營管理技能與知識，知道一個企業之所以成功或失敗，除了它本身的企管能力之外，整個社會環境、外部的因素更為重要。全球經濟景氣狀況、政府政策、產業環境、社會支持度……都是影響企業成敗的要因（趙文明、何嘉華編著，2003：120-124）。

微軟公司（Microsoft Corporation）總裁比爾·蓋茲（Bill Gates）說，如果王安電腦能完成他的第二次戰略轉折的話，世界上可能沒有今日的微軟公司，我也不會成為個人電腦時代的英雄，我可能就在某個地方成了一位數學家，或一位律師。

結語

從有人類以來，就有組織，亦從有組織以來，就有組織問題。企業如何在不同的生命週期階段，有效的面對不同的生存問題，就必須透過有效的診斷，幫助組織的決策人迅速而靈活地在不穩定的環境、不斷變化的目標、新的技術、激烈的競爭和緊縮的預算下，從容應對其內外在的挑戰，讓企業再生。

Part 2

用人哲學

東床快婿話甄選面談

王家諸郎亦皆可嘉，聞來覓婿，咸自矜持，惟有一郎在東床上坦腹臥，如不聞。 ——《世說新語・雅量》

俗話說：「姻緣天註定」，這句話，我是相信的。不過未婚前，我自己仍訂有一套擇偶條件如下：品德好；健康好；容貌端正；年齡不要比我大；身高不要比我高；學歷不要比我高；不要太富有；最好比我家差一點（恐嬌生慣養難伺候）。

當時的習慣尚少當面相親，所以，我就請媒人徐羅先生夫婦設法安排，結果是以半偷看的相親方法行事，也就是約好女方到徐先生店內逗留，我單獨一人由外面走入店內，大家見面不打招呼，只是互相瞧瞧，然後女方再由店內走出店外，我就跟在後面走出門口，看她走路的背影。

我觀察的結果是：她的身高比我矮四吋；學歷我比她多唸了一年多的高等科；容貌端正；性情也似溫順；家庭經濟雙方似乎差不多；身體雖嫌稍瘦，但似非不健康；年齡同是民國5年生，心想對方年齡如能再小一、二歲更好。但是我自己也知道事事難求十全十美，雙親也沒有反對，經向親戚打聽也表示贊成。於是報告徐先生夫婦說：「如對方認可，可以訂婚。」徐先生說：「女方早就已來表示滿意。」因此不久即訂婚（吳尊賢，1987：98-99）。

人稱「日本劍聖」、「不可戰勝的武士」的宮本武藏曾說，如果光是用眼睛去「看」，而不用眼力去「觀察」的話，是無法洞悉的。甄選面談就是「面對面」的觀察應徵者肢體語言的「真面貌」，才不會被經過精心設計、揚善隱惡的「履歷表」誤導而選錯人。

甄選面談的目的

甄選面談是從多位應徵者中挑選最合適的人才，在比較各個應徵者的優、劣點後，才能決定錄用人選及備取者。因此，在主持面談時，向每位應徵者發問的題目，必須有其一致性，面談後才能有比較客觀的評斷，找到一位稱職的人員，可以替主管「擔憂解勞」，創造高附加價值的人。

甄選面談的目的，是要瞭解對方，而不是要為難對方；應徵者不是來「聽訓」，而是面談者要多方瞭解對方隱藏在書面資料無法顯現，必須透過面談時，讓對方「侃侃而談」的訊息裡，歸納一些有用的「蛛絲馬跡」來正確的判斷應徵者是否適合擔任此一職位；理念不同，也不要爭辯，來者是客，不通知錄用就好了，何必爭得面紅耳赤。

招聘步驟

對任何企業而言，配置員工都是人事管理的一項關鍵內容。所謂配置員工，實際上是一種雙向選擇和匹配的過程，即個人找到想去的企業，企業找到想要的員工，兩者建立起僱傭關係。主管在徵聘「愛將」時的步驟有：

★步驟1：界定工作條件

清楚列出工作內容與職務所需的學經歷、必備人格特質，考量公司文化以及自己的管理風格。

★步驟2：徵聘管道

在公司內外部公開求才資訊（內部員工推薦的人選通常滿意度比較高）；過濾履歷表，快速剔除不合資格者；花大量時間閱讀最有可能錄取者的履歷，找出實質成果與可疑之處。

★步驟3：面試

準備幾個核心問題詢問所有應徵者，以便有共同基準做評比，額外再加些隨機問答，請記住：少說話多傾聽。

★步驟4：評估應徵者

客觀評估人選，查核推薦（reference check）是很重要的工作。

★步驟5：決定與聘用

聘用對公司最有價值的人，不要落入找「最熱門的人」、「與你最相似的人」之陷阱，而是找出最適合此職位且能激發多元想法的人。

面試會場　富士山頂

日本一家ImageNet網路服飾販賣公司，把招考新人的面試會場搬上富士山頂（海拔3,776公尺，一般人想登上這座光禿禿的活火山還真不容易）。這項別開生面的「入社面試」，共有二十一名應屆畢業生應考。他們從凌晨零點開始朝富士山頂攀登，途中陸續有應徵者體力不繼而中途折返，也有登上山頂後，身體不適而提早下山，留下來面試的應徵者只剩十一人。

社長神田大治說：「會選擇富士山頂作為面試會場，主要是要考驗這些年輕人看他們攀登日本第一高峰時的協調性與思考，也希望新人有攀登企業高峰的野心。」這家公司則從這十一名新人中挑選三至四人作為新夥伴（陳世昌，2005/08/25，A14版）。

望聞問切

僱用失敗都是因為不明白應徵者的能力在哪裡？什麼是應徵者做得到的？什麼是應徵者做不到的？有些人可能會因為喜歡應徵者應對進退的方式，或對於應徵者的教育背景很滿意而沒有看到應徵者的全貌，就單純憑某方面的印象及感覺去僱用新人，這對於公司是會有很大的用人風險存在。所以，甄選面談也要採用中醫問診的「望聞問切」方法，才不會選錯人。

★望（望其氣色，觀其外表）

神態、儀表、性格、言談舉止、健康狀況。

★聞（聽其談話，願聞其詳）

邏輯層次、語言表達、細微動作。

★問（由淺入深，張弛有度）

針對不同職位提出不同的問題、交友情形、求學過程、職業偏好。

★切（切中主題，找準關鍵）

運用測評工具、結構化面談、就業穩定性、與同儕和上司的相處。

面談者功力

面談是一種藝術，面談是有計畫、有目的的會談，不僅是選才，也是在推銷公司的形象，對於甄選工作是否順利具有決定性的影響。

根據美國人事發展協會（American Institute of Personnel Development）的專業求才法規中提到，面談者必須具備的條件有：

- 完全熟悉該職缺的工作內容與適合擔任該職務的個人資格（有能力回答應徵者可能提出的問題）。
- 面談問題的設計，是為取得能夠評估工作條件的相關資訊。
- 所有同一職缺的應徵者，都必須適用同一套面談的結構與內容。
- 必須避免可能被解釋為具有歧視色彩的問題，而在資訊必須受到監視的情形之下，這點必須讓應徵者知曉。
- 面談時間若有改變要讓應徵者事先知道，並要考慮他們的時間問題。
- 必須讓應徵者瞭解面談程序與測驗程序，也必須讓他們知道甄選過程與任用程序的時程。
- 應徵者都該知道該項聘任的條件與情況。
- 所有應徵者可能接觸到的公司成員，對甄選過程與政策都必須有充分的瞭解。

誠信測驗

義大利有一家電信公司招考幹部時，應徵者在參加過筆試測驗後，這家公司發給所有甄選通過的應徵者一袋綠豆種子，並且要求他們在指定時間帶著發芽的綠豆回來，誰的綠豆種得最好，誰就能獲得那份競爭激烈、待遇優渥的工作。

果然，當指定時間來臨，每個人都帶著一大盆生意盎然、欣欣向榮的綠豆回來，只有一個人缺席。總經理親自打電話問這個人為何不現身。此人以混合著抱歉、懊惱與不解的語氣說：「他感到抱歉，因為他的種子還沒發芽，雖然在過去那段時間他已費盡心血全力照顧，可是種子依然全無動靜。我想我大概失去這個工作機會了。」但總經理卻告訴這位孵不出綠豆芽的應徵者說：「你才是唯一我們錄用的新人。」

原來，那些種子都是處理過的，不可能發芽。種不出綠豆芽，正證明了這位應徵者是一個不作假的人，公司認為這樣的人必然也是一個有操守的人。

高階主管的遴選方法

台灣積體電路製造公司（TSMC）董事長張忠謀說，他在挑選副總經理以上的高階人員時，都是看他們的背景，曾經在什麼公司工作？他們有不少是在國外公司做過。「我很瞭解國外公司的情況，如果是在一個品格好的公司工作很久，那就是一個相當好的背景，因為品格不好的人，不會在品格好的公司工作很久，因為格格不入，最後不是公司不要他，就是他會自行離開。」

他也會旁敲側擊，「因為我對美國企業，特別是科技業發生的大事相當瞭解，如果應徵者是從一個大公司來的人，我會問他對該行業所發生的重大事件的看法，從他的回答中，我可以聽出蠻多的東西，我不但聽他講的話，同時也看他的反應，因為除非特別好的演員，才能完全掩飾心裡真正的反應。但即使是好演員，也不可能對我問的問題有充分準備，通常我會在三個平淡的問題之後，突然問一個尖銳的問題，再來考慮是否錄用。」

遴選人才的決策

美國十大五星上將之一的馬歇爾將軍在選人時，會仔細思考職務需求，工作說明或許會長期維持不變，不過職務需求會不斷變化。他會考慮幾個條件符合的人選。正式資格（譬如履歷表上的資歷）只是個起點，沒有合適資歷的人會遭到淘汰。然而，最重要的是人選和職務是否相合。要找到合適的人選，你至少得有三到五個候選人，並瞭解每個人的長處。

馬歇爾將軍會仔細審視這三到五位候選人每個人的表現紀錄。他著眼於這些人的長處，至於他們的能力限制則無關緊要。因為你必須著眼於候選人的能力所及，才能判斷他們的長處是否符合職務需求。長處是績效表現唯一的基礎。

馬歇爾將軍會和曾經與這些候選人共事的人討論。候選人過去的上司和同事通常能提供最好的資訊。決定人選後，馬歇爾會確定接獲任命的人澈底瞭解他的任務。最好的辦法可能就是請新人仔細思考，他們要怎麼做才能成功，然後在上任九十天之後寫成報告。

家庭訪問

以擁有麻布茶房、代官山、元定食、蛋蛋屋等多家餐飲連鎖品牌的展圓國際公司董事長張寶鄰，對人才挑選別有心得。他曾說：「我們對中、高階求職者的面試項目，包括家庭拜訪，我會親自到他們家觀察廁所、家庭關係，從中判斷適不適合我們的企業文化。」

張寶鄰強調，「能力」並非企業用人唯一標準，求職者是否能融入企業文化，也是重要考量。「我覺得求職者的個性是不是符合企業文化最重要，所以我會到高階主管職位應徵者家中，做家庭拜訪。」他舉例說，他最常問對方家人：「如果公司要求經常加班，能否體諒？」如果對方稍有質疑，代表未來可能出現家庭與工作協調的問題，這樣的人縱使能力再強，恐怕也很難適應服務業的腳步（吳嵩浩，2009）。

醫師涉殺人事件

醫療財團法人辜公亮基金會和信治癌中心醫院血液腫瘤科醫師黃某因涉嫌殺害大陸女友遭羈押。院方證實，案發前，黃某確實曾自醫院取走十五支鎮靜安眠針劑，說是要給病重父親使用。黃某很木訥，平時不太講話，也不出鋒頭，發生不幸事件，和信醫院謝副院長說：「很震驚、意外。醫院相當重視醫師品德，因此院內主治醫師的聘用，都須經過六位主管面談。」但他坦承有時難免「百密一疏」，尤其醫院採用美式作風，相當注重個人隱私，不方便干涉太多。不過，他還是強調，未來將加強醫師精神品德教育（張嘉芳、張耀懋，2011/01/28，A2版）。

俗語說：「畫虎畫皮，難畫骨；知人知面，不知心。」比喻人心難測。所以，傑克・威爾許說：「聘請到優秀人才極度困難。新手主管僱用的人有一半適合人選就算幸運了，但即使經驗豐富的主管也只敢說，他們找到適任人選的機率最多只有七成五。」

結語

蘋果公司（Apple Inc.）創始人之一史蒂夫・賈伯斯（Steve Jobs）一向只僱用最優秀的人才（A級人才）。他的座右銘：「你一旦僱用了一個B級員工，他就會開始把其他B級和C級的人帶進來。」這與唐太宗對魏徵說的話：「為官擇人，不可造次。用一君子，則君子皆至；用一小人，則小人競進矣。」有異曲同工之效。因為企業隨便找人，等於幫了競爭對手一個大忙，不適用的人找進來容易請出去難，平白拉垮績效。所以，在激烈的企業競爭環境下，卓越企業成功關鍵都在於能不能找到「對」的人。

秉性難移話人格特質

老兄，你豈不聞：「江山好改，秉性難移」。你切不可打量她從此就這等好說話兒。——《兒女英雄傳・第二回》

人的體質不同，性情各別。古希臘醫學家希波克拉底（Hippocrates）認為，人的性情取決於這人身體裡某種液體的過剩。人的個性分為四種類型：多血質的人，性情活潑（外向、充滿活力和動力）；多黃膽汁質的人，性情易怒（急性子或脾氣暴躁）；多黑膽汁質的人，性情憂鬱（內向、憂鬱和悲哀）；多痰質的人，性情滯緩（慢性子、遲緩或者懶惰）。嬰兒初生，啼聲裡就帶出他的個性。急性子哭聲躁急，慢性子哭聲悠緩，從生到死，個性不變（楊絳，2007：37-38）。

在現代人格心理學中，人格特質理論將特質定義為個體所具有的神經特性，具有支配個人行為的能力，使得個人在變化的環境中給予一致的反應。中國有句老話：「江山易改，本性難移。」其道理在此，就像俗話說的：「一棵樹上的葉子葉葉不同，人性之不同，各如其面。」即使是同胞雙生，面貌很相似，性情卻不相同。

人格特質

人格是指心理系統的動態組合，是個人適應外在環境的獨特形式，也就是指個體在其生活歷程中，對人、對事、對己，以及對整體環境適應時所顯示的獨特個性。此一獨特個性，係由個體在其遺傳、環境、成熟、學習等因素交互作用下，表現於需求、動機、興趣、能力、性向、態度、氣質、價值觀念、生活習慣，以及行動等身心多方面的特質所組成。

由多種特質所形成的人格組織，具有相當的統合性、複雜性、持久性與獨特性。所以每一個人會有不同的人格特質，且每個人的人格特質是不容易改變的。故不同人格特質的人，會有不同的績效。

從古至今這麼多成功者的例子看來，成功的條件不在聰明智慧，而在人格特質，聰明只是使這條成功的路好走一點而已。

內向型與外向型人格

人格特質分為內向型（introvert）與外向型（extrovert）兩種。內向型的人決策時以自己的因素為主，外在的因素為次，想到的多是自己的經驗、感受與對自己的影響，比較不會想到別人的感受、意見或影響。外向型的人，決策時則以其他人為主，多想到別人的經驗、看法、觀感和影響，自己的好惡利害反倒擺在第二位。

事實上，性格多半是先天結合後天環境所產生，是不易改變的，但只要能將任一種性格特徵充分發揮，它都會有利於創業精神。反而沒有性格特徵的創業家，好像成功的機會比較低。例如美國媒體聞人泰德・透納（Ted Turner）是個滔滔不絕的人，但他的主觀意識非常強，其實是極端內向型的人。相反地，微軟公司董事長比爾・蓋茲就是個悶葫蘆，可是他卻很在意外界的想法，很能接收外來的訊息（邱強口述，張慧英整理，2001/12：38）。

戴爾電腦（Dell）的創辦人麥克・戴爾（Michael Dell）十九歲就開始創業，他知道自己對於經營管理專業之無知，因此虛心向許多管理專家請教，並在事業規模逐漸擴大時，將執行長職務委託專業經理人，也因為他的虛心就教，所以戴爾電腦的發展就不會因為他的無知而受限，同時戴爾本身的經營管理專業也隨著企業成長而相對成長。

一項針對創業投資所進行的大規模調查指出，投資家主要由以下十個D來評量創業家的人格特質：理想（Dream）、果斷（Decisiveness）、實幹（Doers）、決心（Determination）、奉獻（Dedication）、熱愛（Devotion）、周詳（Details）、使命（Destiny）、金錢觀（Dollar）和分享（Distribute）（劉常勇，http://www.inex.twmail.net/temp/p01/175.htm）。

國劇臉譜

中國的國劇臉譜，在國劇中占很重要及鮮明的地位，可反映人物的特別個性，清晰描繪出人物的靈魂來，主要見於「淨」、「丑」兩種角色。

「淨」俗稱的「大花臉」，因在臉上勾繪各色圖案臉譜而得名，此種角色主要扮演「性格特殊」的人物，可分為銅錘花臉、架子花臉、摔打花臉三種。

「丑」俗稱的「小花臉」，此角色都在臉上畫塊白色「豆腐乾」的臉譜，形式較簡單逗趣，又分為「文丑」（讀過些書，頭戴方巾唸韻白者）和「武丑」（凡有武藝，台上蹦跳唸京白者）兩種。

構成臉譜的基本要件是整臉與臉色兩種。

- 正臉型：臉上畫滿一色，代表性格完整，忠正憨直之意。例如：關公、包拯。
- 六分臉（老臉）：臉上由「整臉」派生而出，腦門立柱紋及眼部以下的顏色占全臉十分之六，上下形成四六分的形式，故名之。此臉譜多為德高望重之重臣老將。例如：黃蓋、尉遲恭。
- 三塊瓦：因眼窩、眉線，將臉分成額及兩腮三區塊。例如：姬僚、姜維。
- 十字門：臉譜之鼻樑間有個「十」字形而得名。例如：張飛、姚期。
- 無雙臉（不二臉）：獨一無二的臉譜。例如：項羽。
- 白奸臉：一臉抹白，攻心計，其陰森程度已將原本面目蓋住。例如：曹操、嚴嵩。
- 元寶臉：腦門和臉龐的色彩不一，其形如元寶，故名之。例如：財神、顏佩威。
- 腰子臉（三花臉）：以白色為主要顏色，因為白色從鼻子向兩旁勾畫到顴骨為止，形狀很像「腰子」，故名之。白色的臉譜多半不太正派，但還不至於失去真實本性；白的部位越小，代表人物個性越純真。例如：姚廷春。
- 碎臉：由「三塊瓦」蛻變而成，將臉紋勾得極為瑣碎。例如：徐世英（青面虎）、巴杰、烏成黑。

・歪臉：臉譜左右不同，表其心態失衡易躁，心術不正則臉歪，故名之。例如：鄭子明。

・破臉：花三塊瓦加上左右圖形不對稱，稱為破臉，是一種貶義性的臉譜。用破臉的人物或相貌醜陋，或性情凶殘。例如：司馬師。

・隨意臉：一般英雄豪傑之士。

臉譜的色彩，其意義是用來表現劇中人物的性格，並不純粹只是賞心悅目而已。每種色彩皆有其獨特的展現意義，可用來表現其面色及性格相近或同一類型性格的人物角色（藏玉札記，http://tw.myblog.yahoo.com/anakus-moonlight/article?mid=14220）。

觀賞國劇表演，也就在於警惕觀賞者除了達到娛樂之餘，更能深入探討、瞭解劇中扮演角色的「人性」真面目，以古喻今，在人際關係上之有所防範與應對。例如最喜歡觀賞國劇的代表人物，是已故台灣水泥公司董事長辜振甫，生前還經常粉墨登場，以體驗劇中人的性格。

「動物型」人才分類

個人的領導特質（Personal Dynametric Profile, PDP）可分為：更瞭解自我（對自己更有自信）、更適應環境（讓自己對工作掌握更有彈性）和更好的人際溝通（使生活更有意義及自我領導風格的客觀瞭解）。

透過「領導特質認識表」，可將個人人格特質分為五大類型：

★老虎（Tiger）型

屬於開創型人物（支配性）。獨立性強、不畏強權、富冒險性、重視成就感、喜歡主導全局、目標取向、實際、易與人發生摩擦。代表人物：英國前首相柴契爾夫人。

★孔雀（Peacock）型

屬於表現型人物（外向性）。雄辯滔滔、具群眾媚力、親和力強、擅常鼓吹、樂於溝通、有人緣、有說服力，易激勵團隊士氣。代表人物：中華民國國父孫中山。

★無尾熊（Koala）型

屬於耐心型人物（合作性）。善於聆聽、有耐性、人際關係良好、攻擊性低、不喜歡紛爭、執行者、溫和淡泊。一般賣場人員不重視學歷，但必須像「無尾熊」一樣與人互動頻繁，最好是個性活潑，喜歡與人接觸，對待客人要面帶微笑的人。代表人物：印度現代民族解放運動的著名領袖聖雄甘地（Mahatma Gandhi）。

★貓頭鷹（Owl）型

屬於精確型人物（遵奉性）。冷靜謹慎、條理清晰、做事有板有眼、自律、一絲不苟、忠誠度高、重視制度、標準，要求精準，冷靜而理智。代表人物：宋朝宋仁宗時期的名臣黑臉包拯（包青天）。

★變色龍（Chameleon）型

屬於整合型人物（整合性）。處事八面玲瓏、權變導向、善於觀察、適應性強、有使命感、整合性高、有彈性。代表人物：三國時代蜀國名臣諸葛亮。

世界上沒有兩個人有相同性格，故如何在大環境裡，認清自身優缺點，善用自己的特質及長處，並與他人作有效的互動及溝通，方可將個人一生作最完美的演出。

「魚型」人才分類

企業與人才的關係猶如魚與水的關係。企業是水，人才是魚，有什麼樣的水，就有什麼樣的魚，反之亦然。

★鯉魚型人才

鯉魚，單獨或者成小群體地生活於平靜且水草叢生的池塘、湖泊、河流的泥底中。雜食性，覓食時常把水攪渾，對很多動植物有不利影響。

鯉魚型人才，是指企業中那些出身寒門，或突遭變故，或出處逆境，尚能堅持自己的理想，並為之奮鬥不懈的員工。他們具有高逆境智商、高抱負等特點，渴盼縱身一躍，完全蛻變成蝶。這種個性的人，可以把自己的目標分解成若干個容易實現的里程碑，一步一步接近自己的終極目標。當一項目標完成後，再重新設立新的目標。

★鹹魚型人才

鹹魚，將新鮮魚用鹽醃漬後，曬乾而成，保持了魚的新鮮而不發臭。「鹹魚翻身」（ham yu fan shang）由是廣東話引申而來的。鹹魚本來不能「翻身」，說鹹魚翻身有起死回生、否極泰來的意思，指處境短時間內由壞變好。

鹹魚型人才，是指企業中那些工作遭遇重大挫折，或被長期閒置，或進入末位淘汰序列的員工，一般具有一蹶不振、閒置不用的特點。企業對於這類人才要定期盤點，做到心中有數，一有需要，及時提拔。

★魷魚型人才

魷魚，身體細長，呈長錐形，有十隻觸腕，其中兩隻較長。觸腕前端有吸盤，吸盤內有角質齒環，捕食食物時，用觸腕纏住後將其吞食。喜群聚，活體的魷魚皮膚表層有大量含有色素的「泡」，這些「泡」會隨情緒變化而變化。「炒魷魚」被引申為工作被辭退、解僱或開除，是解僱的代名詞。

魷魚型人才，是指企業中那些頻繁更換工作單位，或者隨時可能被企業資遣的員工。一般的特性具有「卷」的慣性，容易「卷」，也容易「被卷」，比較沒有安全感。對這類員工需要重點關注與輔導，讓其樹立正確職業觀，進行合理的職業生涯規劃。

★章魚型人才

章魚，有八足、變色、噴墨、再生、變形的五大法寶，攻防本領令人驚奇，是名副其實的多面手，一旦腕足被別的魚類咬住，自斷其足，逃之夭夭，第二天傷口自動癒合。

章魚型人才，指的是那些在企業當中有著較長工作年資，或者熟悉企業底細的人，具有高智商、多技能、多變和不主動的特點，是公司的資深員工。這類人才的存在有利於企業內部的和諧，有利於穩定新人隊伍，可以多讓這類人才擔當職業新人的導師，讓其承擔一部分傳、幫、帶的職能。

★鯰魚型人才

鯰魚，又叫土鯰，是鯰科中分布最廣的魚類，主要生活在江河、湖泊、水庫、坑塘的中下層，多在沿岸地帶活動，白天多隱於草叢、石塊下或深水底，一般夜晚覓食活動頻繁。

鯰魚型人才，被看成外來和尚，一般具有敢於創新、富有魄力等特點。他們給企業帶來全新的理念，注入一股新潮流，強勢推行新政，但是他們畢竟是空降而來，是企業的少數派，難免顯得勢單力薄。所以，要具有正確的進退觀，適當的時候，則要考慮主動退出，不可戀棧職位，也許同一企業的其他領域更需要他們的存在（魯清波，2011/07：44-45）。

結語

《黃石公三略・下略》說：「故明君求賢，必觀其所以而致焉。」一份真正發揮自己天賦特質與志向理想的事業（工作），乃是本身性格能與工作性質如魚得水般地相互搭配，才能頂天立地，出類拔萃，獨占鰲頭。

知人善任話用人藝術

蓋在高祖，其興也有五：一曰帝堯之功裔，二曰體貌多奇異，三曰神武有徵應，四曰寬明而仁恕，五曰知人善任使。

——漢・班彪〈王命論〉

西元前202年，劉邦打敗項羽，暫都洛陽，與群臣論取天下之英雄好漢，劉邦坦誠而言：「夫運籌帷幄之中，決勝千里之外，吾不如子房；鎮國家，撫百姓，給餉饋，不絕糧道，吾不如蕭何；連百萬之眾，戰必勝，攻必取，吾不如韓信。此三者，皆人傑也，吾能用之，此吾所以取天下也。項羽有一范增而不能用，此其所以為我擒也。」

劉邦能成為中國歷史上第一位平民皇帝，他並沒有什麼長才，我們只能說，劉邦善於知人善任而已。無怪乎！清人胡林翼說：「古今成大業之人，必以人才為根本；古今人才之要，必以氣骨為根本。」

為政之要，惟在得人

《貞觀政要》有這句名言：「為政之要，惟在得人。」要想安邦治國，選拔人才是治國之第一要務。貞觀十六年（西元642年），魏徵病逝家中，太宗親臨弔唁，痛哭失聲，並說：「夫以銅為鏡，可以正衣冠；以古為鏡，可以知興替；以人為鏡，可以知得失。我常保此三鏡，以防己過。今魏徵殂逝，遂亡一鏡矣。」

唐太宗之所以知人善任著稱於世，就是依靠其對部屬優缺點翔實的考核瞭解。他除了藉助於其他考察措施之外，甚至於還常將部屬的名字寫在屏風上，對於他們的所作所為都有清楚的記載，每逢坐臥之際，便能一目了然。如此，知任善任的本領自然高人一籌（周平，1996：15）。

識才之道

自唐宋以降，有兩本書歷年來作為主管政治教育必修的參考書，一本是從反面講謀略的唐朝人趙蕤著作的《反經》；一本是從正面講謀略的宋代人司馬光所著的《資治通鑑》。

《反經‧量才第四》提到，智慧有如泉湧，行為堪為表率，這樣的人可做導師；智慧可以磨礪他人，行為可以輔助和警惕他人，這樣的人可為良友；安分守己，奉公守法，不敢做一點出軌的事，這樣的人可為官吏；還有一種人，你要是只圖眼前的方便快意，只要你叫他一聲，他就會連連答應，這種人只能做奴隸。

2011年7月1日，中共在慶祝成立九十週年大會上，中央總書記胡錦濤說：「要堅持把幹部的德放在首要位置，選拔任用那些政治堅定、有真才實學、實績突出、群眾公認的幹部，形成以德修身、以德服眾、以德領才、以德潤才、德才兼備的用人導向。」這段話誠如司馬光在《資治通鑑》裡的論述：「才德全盡，謂之聖人；才德兼亡，謂之愚人；德勝才，謂之君子；才勝德，謂之小人。」這就是在告訴主管如何知人的要領。

知人不能憑直覺

前奇異電器公司（GE）總裁傑克・威爾許說，憑直覺決定要不要用一個人是非常不明智的做法。理由很簡單，因為直覺通常很容易讓我們「愛上」面前這位應徵者。履歷表通常都是極盡表現與讚美之能事，應徵者面談的時候，當然也只會淨挑好聽的話說。所以，務必要質疑自己的直覺，要再多查點資料，不要只看履歷表。還有，不妨找應徵者的老東家，問問這人過往的紀錄，但一定要強迫自己仔細傾聽，尤其要注意那些好壞參半的訊息和不太好聽的看法。

總而言之，如果是談交易，直覺通常幫上大忙，但如果是選人才，直覺可能派不上用場（《聯合報》，2006/04/10，A12版）。

英國一家經營了二百三十三年的霸菱銀行（Baring Brothers and Company），在1995年2月被一位營業員尼克・李森（Nick Leeson）以不當的行為，毀掉這個「帝國」而宣布破產倒閉。從此一事例可以看出，培養領導人如何「知人善任」是何等重要的事啊！

觀人術

三國時期的諸葛亮，在其《將苑》（又稱《心書》）一書中講到如何知人時，提出了七條途徑來指引領導者需要多方面觀察、印證應徵者的一些舉止動作，以避免「引狼入室」。

・問之以是非而觀其志（忠誠度）。
・窮之以詞辯而觀其變（應變能力）。
・咨之以計謀而觀其識（對事的判斷）。
・告之以禍難而觀其勇（承擔風險的擔當）。
・醉之以酒而觀其性（人格特質的觀察）。
・臨之以利而觀其廉（品德操守）。
・期之以事而觀其信（承諾）。

唐朝白居易的〈放言〉詩說：「贈君一法決狐疑，不用鑽龜與祝蓍。試玉要燒三日滿，辨才須待七年期。周公恐懼流言日，王莽謙恭未篡時。向使當初身便死，一生真偽復誰知？」可見識人，並非彈指功夫。

偽造文書詐財

台灣筆記型電腦大廠廣達電腦公司董事長林百里女祕書徐君，自2003年到2011年6月擔任董事長的祕書，處理董事長公關禮品和其他支出，董事長對她很信任。但在2011年7月間，被該公司查出她模仿董事長簽名，自2007年以來，四年內冒名詐領公款高達新台幣八千三百八十多萬元，其中四千多萬都拿去購買名牌愛馬仕「柏金包」、「凱莉包」、義大利BV編織包等精品。

東窗事發後，林百里感嘆信任員工卻遭到踐踏，乃提起詐欺和侵權損害賠償的刑事、民事告訴（張宏業，2011/12/01）。

用人之道

清朝紅頂商人胡雪巖說：「以錢賺錢，不如以人賺錢。」這句話印證了清代趙翼所著的《二十二史劄記・第七卷・三國志・晉書》說的：「人才莫盛於三國，亦惟三國之主各能用人，故得眾力相扶，以成鼎足之勢。而其用人亦各有不同者，大概曹操以權術相馭，劉備以性情相契，孫氏兄弟以意氣相投。」

名列古代「十大名相」之一的唐朝陸贄曾說：「求才貴廣，考課貴經。」意為瞭解人必須廣泛，考察人必須精細。日本戰國時代末期傑出的政治家和軍事家、江戶幕府的第一代將軍德川家康（とくがわいえゃす）曾說，在用人時，一定必須採用那個人的長處。比方說，耳、目、口、鼻，各有所司，也各有所用。鵜有入水捕魚之能，鷹有飛翔之能。人也各有其優點，不可要求一個人兼具所有長處。因而，領導人要用人所長、用當其位、用當其時、用當其群。

容人之道

世無完美之人，金無十足之赤。清人閻循觀說：「知人有三：知人之短；知人之長；知人短中之長、知人長中之短。」

明代理學家呂柟所著《涇野子・內篇》中，講述一則寓言故事，說西鄰共有五個兒子，「一子樸（質樸），一子敏（聰明），一子矇（目盲）、一子僂（背駝），一子跛（腳跛）。乃使樸者農（務農），敏者賈（經商），矇者卜（按摩），僂者績（搓繩），跛者紡（紡線），五子者皆不患於衣食焉。」人才使用，從長處看人，世上沒有無用之才；從短處看人，人人難逃平庸。

這是宰相之錯啊！

西元684年，武則天自立為皇帝，當時被貶為柳州司馬的徐敬業在揚州起兵，討伐武則天。有「唐初四傑」之稱的駱賓王亦加入軍事行動。駱賓王執筆寫了一篇著名的討伐檄文，歷數武則天種種「罪狀」，揭其隱私，淋漓盡致。

武則天讀這篇檄文後，並未因駱賓王將自己罵得狗血淋頭而動怒，反而對自己未能得到如此人才感嘆說：「如此人才，怎能使之流為叛逆，這是宰相之錯啊！」她認為：「九域之至廣，豈一人之獨化，必佇才能，共成羽冀。」所以，古人說：「水至清則無魚，人至察則無徒。」這句話包含了極其深刻的用人哲學，也就是《論語》說的：「赦小過，舉賢才。」用人不可苛求，已成為歷代用人的重要原則。

龍生九子

龍是在中國的神話與傳說中出現的一種動物。傳說，龍生九子不成龍，九龍子性情各異，各有所好。

- **贔屭**：形似龜，好負重，這便是石碑下趺的由來。
- **螭吻**：形體似獸，習性好張望或好險，成為今日廟宇殿角的走獸，也可壓火災。
- **蒲牢**：形體似龍而體積較小，性好鳴叫，成為今日鐘上的獸鈕。
- **狴犴**：形體似虎而有威力（一說好訟），所以立於官衙門扉或牢獄的大門上。
- **饕餮**：好飲食，所以立於鼎蓋，甚至成為中國古代銅器最重要的裝飾圖案。
- **蚣蝮**：性好水，所以立於橋柱；一作帆蚣，好飲。
- **睚眥**：性好殺，所以立於刀環等兵器上。
- **狻猊**：形體似獅，性好煙火，因此立於香爐兩旁，另有一種說法是好坐。

- 椒圖：形體似螺蚌，習性好閉，所以立於大門鋪首。

知人，善於觀察人，較快地認識到每個人的興趣、愛好、志向、才能、知識的水準和傾向；善任，按事選人，評等競爭，使每個人都有同樣的機會找到最適合發揮自己才幹的舞台。

古諺：「鑰匙不能劈柴，斧子不能開鎖。」用人貴在知人善任而已。

晉商選才

晉商有一句諺語：「十年寒窗考狀元，十年學商倍加難。」說明了商業人才得來之不易，也凸顯人才培養的重要。

全世界最受尊敬的執行長（Chief Executive Officer, CEO）傑克・威爾許所提出的人才觀是：

- 信奉企業的核心價值觀又做出成績的人，提拔重用。
- 信奉企業的核心價值觀但是沒有成績的人，換個環境或者去培訓。
- 不信奉企業的價值觀又沒有成績的人，離開企業。
- 不信奉企業的核心價值觀但是有成績的人，進行改造，如果不能成為第一種人，最終還是要離開企業。

由於人才管理的對象，都擔任企業的關鍵職位，對企業影響深遠。因此，在人才甄選、任用與晉升時，檢視評量人才是否符合企業所要求的價值觀與核心能力，便成為人才管理的一項重點。

用錯人的代價

中國砂輪公司前董事長白永傳的岳父林長壽，聽說有位許先生對砂輪很有研究，於是他與岳父一同前往造訪許先生，由他們出資，許先生提供技術，一同發展砂輪事業。

1953年，林長壽從食品類燒製業轉型為砂輪燒製產業。1955年，他的岳父過世，他接下這個事業。1957年，他接受日本昭和電工株事會社研磨材料的台灣代理商林伯奏的入股，並由林氏擔任董事長，他擔任總經理，許先生為廠長，同時從林長壽家屬與他持有的股份中撥出25%登記在許先生名下，希望大家共同懷抱理想來創業，後來卻反目成仇。

不料當許先生無條件分得股份後，態度丕變，在許先生與營業部長發生言語衝突而不到工廠上班了，甚至發動技術罷工。在幾次的溝通協調後，許先生終於表露他的心思，提出兩個條件：「包攬整個工廠或承租整個工廠，獨立經營，要他二選一，才願意讓工廠復工，不過，不管你們選的是哪一案，都禁止你們出入工廠。」有關的股東都勸他接受許先生所提的條件，但是他堅決反對，最終決定將公司結束。

這時，在工廠內，凡與砂輪相關的除了建地、建物以外，所有的原料、製品、庫存、型錄、器具類，甚至連木板子都用鋸子折半，見狀令人落淚。1964年，中國砂輪公司踏出改組的地步，讓白永傳深深的領悟到，人生真像過了一山又一嶺的旅程啊！（白永傳，2007：113-126）

這個案例正說明了選錯人所付出的代價實在太大了。

結語

自古以來，「用人」就是一門高深的學問；用人得當，氣象一新，用人失當，亂象必生。用人是一種過程，不可僅限於「任」字，而應指從知人、擇人、任人、容人、勵人、育人的全過程，博大精深，它雖然是一個古老話題，但同時也是歷代社會的熱門課題，尤其是近代，民主、法治、科技、乃至經濟建設迅猛發展，用人，更成為舉足輕重之關鍵（周平，1996：3）。

成功密碼話情緒諮商

憑著您孩兒學成武藝，智勇雙全，若在兩陣之間，怕不馬到成功。——元・張國賓《薛仁貴・楔子》

日本有一則古老的傳說。一個好勇鬥狠的武士，向一位老禪師詢問天堂與地獄的意義。老禪師輕蔑地說：「你不過是個粗鄙的人，我沒有時間跟這種人論道。」

武士惱羞成怒，拔劍大吼：「老漢無禮，看我一劍殺死你。」老禪師緩緩說道：「這就是地獄。」武士恍然大悟，心平氣和納劍入鞘，鞠躬感謝禪師的指點。禪師又說道：「這就是天堂。」

武士的頓悟，這說明了人在情緒激昂時往往並不自知。西方哲學的創始人之一蘇格拉底（Socrates）有一句名言：「認識自己。」所指的便是在激昂的當刻，人要掌握自己的情感，而這也是最重要的一種情緒諮商。

情緒諮商

美國哈佛大學（Harvard University）教授丹尼爾・高曼（Daniel Goleman）為專門研究行為與腦部科學的專家。他的著作《EQ》一書中闡述智商（Intelligence Quotient, IQ）並不是決定人成功與否的主要因素，反而是情緒智商（Emotional Intelligence, EQ）扮演很重要的角色。情緒智商（EQ）這一概念提出以來，已受到社會各界人士的高度重視，人生成功的方程式也由此改寫為20%的IQ+ 80%的EQ=100%的成功。

所謂情緒智商（EQ），就是指一個人處理情緒的能力。根據研究發現，人腦中有一個情緒記憶的中心，就是位於大腦側深部的杏仁核（amygdala），它會根據不同的情境刺激，使人體產生立即情緒反應，而大腦額葉皮質則接受杏仁核及其他大腦組織所傳來的訊息，做進一步的反應，或修正之前杏仁核產生的情緒反應，這就是我們生活上所謂習慣及情緒的來源。

僱用微笑的人

由於「江山易改，本性難移」，因此要改變一個人的個性與習慣實非易事。達賴喇嘛說：「很少有會笑的動物，人類最美麗的特徵之一就是笑容。最近，我去海洋世界參訪，看見很聰明的動物，有些與人類相近，但牠們都不會笑。笑容分成兩類，真心的笑與假笑。如果我們的笑容是真誠的，出乎慈悲或者利他的心境，它將給予我們安慰。」（達賴喇嘛著，葉文可譯，1996：15）

諾斯壯（Nordstrom）百貨公司所尋求的員工特質其實很簡單，首先，待人親切是很重要的特質，先僱用微笑，再訓練技巧。諾斯壯百貨寧可僱用親切的人，然後教導他們如何去做好銷售工作，但卻不願意僱用經驗老道的售貨員，再教導他們該如何待人親切。

在服務業招募人才時，是以「外向、樂於與人相處、有耐心、有熱忱、善於處理人際關係、能在壓力下保持正常的工作狀況」為優先錄用的適合人選。心理學家威廉・詹姆斯（William James）說：「我們快樂是因為我們微笑，而非我們微笑是因為我們快樂。」這也就是行為習慣帶動感情的理論。

情緒智商內涵

長久以來，在人員招募作業上，智商（IQ）一直是大家所重視的焦點，它是用來測定人生成就的權威性標準，但在突飛猛進的高科技時代，智商的權威性受到質疑，一種全新的測量標準的情緒智商（EQ）乃應運而生。

情緒智商（EQ）所衡量的是人們情緒的穩定性，其內涵包含瞭解自己的情緒、控制自己的情緒、自我激勵、認知他人的情緒，以及維繫圓融的人際關係。

★瞭解自己的情緒

能立刻察覺自己的情緒、瞭解產生情緒的原因。確實知道自己對別人與某些決策的感覺，才能掌控自己的生活。例如有高情緒智商（EQ）的人會明白自己是快樂，還是憂愁，遇到不快樂的事，懂得找人傾訴。

★控制自己的情緒

能夠管理情緒，擺脫強烈的焦慮、憂慮，也就是能夠控制刺激情緒的根源，例如聽音樂、散步等。能夠管理情緒，才可以做情緒的主人，不受憤怒、緊張或憂慮而影響日常生活。

★自我激勵

能夠整頓情緒，遇上不如意的事情，能為自己打氣，讓自己朝一定的目標努力，增加忍受力與創造力。

★認知他人的情緒

瞭解別人真正的感受，察覺別人的真正需要，就是具有同理心。同理心，是同感他人的能力，有同理心的人，能明白別人的需要，也明白別人的感受。這種人並不自私，會為他人著想。

★維繫圓融的人際關係

能夠理解並因應別人的情緒，當別人有不快樂的心情時，能懂得如何疏導，把激動的情緒淡化，以維持圓滑的關係，這也是建立領導力的基礎。

達賴喇嘛說：「每天早晨醒來，我們對自己說：『懷抱著利他的態度。』如果我們擁有這種態度，許多好事將會來臨。但是，如果我們帶著忿怒、仇恨或嫉妒醒來，這是負面的情緒，將迫使我們過著懷疑又不舒服的一天。」（達賴喇嘛著，葉文可譯，1996：15）

荊軻刺秦王

春秋戰國時代，荊軻是著名的刺客，擅長擊劍，武功高強，受到太子丹欣賞。當秦軍逼近燕國時，太子丹請荊軻刺殺秦始皇。在荊軻計畫刺殺秦王時，他採用的就是一種高情緒智商（EQ）的策略，只可惜高情緒智商（EQ）的人，如鳳毛麟角，舉世難尋。

從情緒智商的角度看，秦舞陽的情緒智商很低，當時的另外兩位人選，夏扶和宋意情緒智商也不夠標準。夏扶血勇之人，怒則面赤；宋意脈勇之人，怒則面青；秦舞陽骨勇之人，怒則面白。只要他們之中有一人像荊軻一樣，能夠情緒智商自如，喜怒不形於色，兩千年的歷史可能就會改寫。但是由於時間緊迫，最後荊軻只能三選一，錄用了秦舞陽作為隨身侍從。

荊軻與秦舞陽帶著秦國叛將樊於期的頭顱和都亢（今河北涿縣、固安一帶）的地圖出發，過易水時，荊軻慷慨悲歌唱出：「風蕭蕭兮易水寒，壯士一去兮不復還！」到了咸陽，以重金取得秦始皇接見的機會。不料秦舞陽一見秦王，嚇得臉色蒼白，刺殺秦王功虧一簣，徒呼奈何！因此，成就大業，情緒智商的重要性也就可想而知了。

衝冠一怒為紅顏

明末清初的詩人吳梅村，寫了一首題名為「圓圓曲」的長詩。「圓圓」是指明朝末年遼東邊將吳三桂的愛妾「陳圓圓」。

詩的開頭幾句話說：「鼎湖當日棄人間（西元1644年3月，明朝首都北京，被以李自成為首的流寇攻陷，崇禎皇帝在煤山上吊自殺），破敵收京下玉關（吳三桂引清兵入關收復了北京）；慟哭六軍俱縞素（軍隊都戴孝痛哭，為什麼呢？），衝冠一怒為紅顏（原來是為了一個女人而大怒起兵！）。」這首詩是諷刺吳三桂不顧大明江山，為了一個女人而引清兵入關。

李自成進入北京以後，派人招降吳三桂，吳三桂本來決定投降，但當他聽到李自成拘禁了他的父親和愛妾陳圓圓等家人之後，一氣之下，就親自前往清兵的營區，向清稱臣，獻出了山海關。吳三桂「衝冠一怒為紅顏」，這一歷史事件正說明了人一旦受到壓力，情緒智商低的人就會做出「天理不容」的事情來。所以，古希臘哲學家亞里斯多德（Aristotélēs）說：「任何人都會生氣，這沒有什麼難。但要能適時適所，以適當的方式對適當的對象恰如其分地生氣，可就難上加難。」

壓力管理

當外界的要求多於我們所能負擔的範圍，這個要求和應付能力之間的差距，便是我們所感受到的壓力。壓力是人們對干擾其身心平衡狀態或超過其應對能力的刺激事件之反應模式以重回平衡。壓力也形成某些不特定性的生理反應，如心跳加速、頭痛、血壓高等症狀。艾德金森（J. M. Atkinson）在其著作《對付壓力》一書中，把壓力定義為：「個人需求遠超過個人能力所能應付。」

專門從事「壓力紓解與心靈健康」研究的美國科羅拉多大學（University of Colorado）布蘭・路西華德（Brian Luke Seaward）教授，小時候必須常常面對父母親酗酒之後的家庭暴力，讓他身心受創極深。幸好他有一位受過良好教育的祖母，經常撫慰著他受傷的心靈，以及他所面對的壓力。

當他身處痛苦和憂鬱的情境時，祖母常對他說的一句話：「親愛的！記住壓力（stressed）一字不過是點心（desserts）這個字從後面倒著拼回來而已。」要他以這樣的「心境」去面對困難的「情境」，將壓力當作是一種「點心」。

葡萄樹要在碎石的土壤中茁壯，其根部就得努力擴展，才能吸取到水分。如此一來，葡萄的滋味也會特別香醇。釀酒人都知道，好葡萄才能釀出美酒。所以，壓力讓人坐立不安，但同樣也會產生神奇的效果。丹麥神學家齊克果（Søren Aabye Kierkegaard）說：「人類不一定要活在悲劇中，也不一定要活在絕望中，其實人類可以活在信心中。」

一切，都會過去的

日本中央大學勞動心理學教授齊滕良夫表示，從三十七名過勞死研究中，分析出過勞死的人在生前常會出現：不斷自訴疲憊、老抱怨工作不順利、經常埋怨老闆、經常表示要辭職、回到家中就懶得再活動、休假日外出也覺得負擔、有做不完的工作、假日也忙碌不休息、晚上失眠睡不好等。

上班人如何紓壓，有一則寓言說，古代有一位威勢顯赫的君主，召集了國內的學者智士，要他們提出一句簡短而顛撲不破的雋語，要能適用於人生的每一階段、每種景況。幾個月後，他們帶回來的一句話是：「一切，都會過去的。」人生當中，無論榮辱、得失、權貴、財富，一切都會過去。

舉世聞名的十九世紀美國盲聾女作家海倫・凱勒（Helen A. Keller）說：「面向著陽光而立，那麼陰影永遠在你背後。」在萬事順遂的時候，我們知道這美好的時光是會過去的；在悲傷失望的時候亦然。無時思有，有時思無。生命本身也是會過去的，沒有人永生不死。所以，常常想到一切都會過去的，處事會更柔和謙虛；待人會更隨和親切。

提升情緒智商的方法

美國密西根大學（University of Michigan）研究人員曾觀察每天必須接觸到不同乘客的公車司機，並分析他們的兩種行為，包括先掩飾自己情緒而表示出的「刻意微笑」，以及其在內在正面思考後表現的行為。研究發現，當上班族出現掩飾情緒時，最容易影響當天整體的心情，甚至破壞工作效率。

《紐約時報》引述研究人員史考特的看法表示，雇主通常要求員工必須笑臉迎人，才能增加業績，但是勉強裝出的笑容最後還是會讓員工受不了，甚至影響他們的業績。研究更進一步發現，女性員工在遇到工作時必須掩飾情緒來面對客人，通常後續內心的情緒波動，會較男性來得深。因為不自然的微笑只是將情緒掩飾，其結果通常會導致情緒更糟。所以，美國著名的人際關係學大師戴爾·卡內基（Dale Carnegie）提出了一張幸福快樂藥方來克服情緒。

- 不批評、不責備、不抱怨。
- 給予真誠的讚賞與感謝。
- 衷心讓他人覺得他很重要。
- 只活在今天的方格中。
- 預期一般人都不知感恩。
- 永遠不要對敵人心存報復。
- 設法從失敗中獲益。
- 克服憂鬱的最完美方法——祈禱。

總而言之，提升情緒智商的方法，包括保持樂觀的做人態度；多與人分享自己的喜樂和哀傷；多留意自己的情緒；多關心別人的情緒；勇於接受現實；懂得運用積極的思想方法；多建立些朋友網絡，這些都能夠提升個人的情緒智商。

結語

一個人的智商終其一生不會有多少改變，但情緒智商的學習或增進，可開始於任何年齡，並隨著人生歷練而提高，一般慣用以「成熟」來總括這整個歷程。能夠掌控自我情緒，管理好壓力，不單有助個人身心健康，還能發揮工作表現。如能再推展另一層次，學會辨別別人的情緒，就更能有效管理整個團隊。

Part 3

職涯領航

知也無涯話職業訓練

吾生也有涯，而知也無涯。以有涯隨無涯，殆已；已而為知者，殆而已矣。 ——《莊子・養生主》

《莊子・雜篇・列禦寇》中有一則《屠龍之技》的寓言：「朱泙漫學屠龍於支離益，殫千金之家，三年技成而無所用其巧。」意思是說，朱泙漫喜好劍法，總想練就一身獨步天下的絕技。他聽說有個叫支離益的人擅屠龍之術，便趕去拜師，立志將這種人間稀有、世上少見的劍法學到手。他苦學、苦練了三年，耗盡千金的家產，他終於學會屠龍的本領，便辭別了老師，開始持劍闖蕩江湖，可惜的是，那時候世界上已經沒有一條龍可讓他一展所長呀！其所謂的一身絕技，最終也沒有任何用武之地，這就是最浪費的訓練投資，企業訓練應引以為戒。

職業訓練的目的

人力資本時代來臨，掌握優秀員工即掌握了強化競爭力的重要關鍵，而「職業訓練」則是企業謀求永續經營的百年大計；因此職業訓練對於企業的關係，有著密不可分的關係，它不僅是留才、育才層面上優化人力資源的關鍵，也是企業的競爭優勢所在。

職業訓練的目的在於：

- 提高員工的職務遂行能力，以及提升生產力、品質和服務能力。
- 為配合企業的人才配置、輪調、升遷，促進人事計畫順利進行，必須長期培育接班人，為公司發掘有潛力的未來接班人，為企業開疆闢土。
- 由於技術的革新進步，容易造成個人能力的退化，因而透過訓練，可重新塑造與強化個人能力。
- 給予新進員工始業訓練，使其適應新環境、新工作、新紀律，維持、提高員工的工作能力和績效。
- 培養員工接受新的工作能力。
- 藉由職業訓練，建立員工正確的工作態度與價值觀，凝聚員工的向心力。

蒙古族諺語：「鐵是打出來的，馬是騎出來的。」人才是培訓出來的。

部屬培育

發表《國富論》（*The Wealth of Nations*）的經濟學者亞當・史密斯（Adam Smith）認為，「土地、資本、人力」為企業經營的三要素，土地及資本雖可因企業持續不斷成長而擴充，但其本質上卻無法改變，唯有人力資源可藉由不斷地施加培訓而開發人的天賦智慧。

由於「無形資產」難以被競爭對手模仿，所以「部屬培育」是企業發展的根本，誰掌握了人才這項資源，誰就會在競爭中立於不敗之地。相信任何人都會有「我的能力不僅於此，只要有適當培育，我應該還能發揮其他能力」。所以，培育部屬及配合部屬對成長的期待，並開拓個人的事業前程，是主管責無旁貸的大事。美國鋼鐵大王卡內基曾說：「帶走我的員工，把工廠留下，不久之後工廠的地板就會長滿雜草；拿走我的工廠，把我的員工留下，不久之後我們會有一個更好的工廠。」所以，漢朝董仲舒在〈賢良對策〉中說：「不素養才而欲求賢，譬猶不琢玉而求之采也。」人才是何等的重要啊！

人才觀

彼得・杜拉克在《後資本主義社會》（*Post-Capitalist Society*）一書中提出：「我們正進入一個知識社會，在這個社會當中，基本的經濟資源將不再是資本（capital）、自然資源（natural resources）或是勞力（labor），而將是知識（knowledge），知識員工將成為其中的主角。」

讓電腦做到電腦可以做的事情，讓人只做電腦無法取代的判斷、決策的事。例如，芬蘭是一個資源有限的國家，簡單的說，芬蘭只有兩項資源：人與樹。在1990年代初期，芬蘭小型企業必須要有傑出才能的員工，企業方才得以在市場上生存競爭。以前的諾基亞（Nokia）靠的是相對的優勢與天然資源，新的諾基亞必須靠競爭與人力資本，它提出「以人取代樹」的口號，也促使了諾基亞重視人才發展的重要性。

職業訓練

在競爭日益激烈的商業環境中，企業越來越意識到員工職業訓練的重要性。職業訓練自身是一項專業性、技術性很強的工作。對一個人的職業化塑造，要從知識、技能、觀念、思維模式、態度、心理素質著手培訓。

- **以實用為導向的職業知識**：知識之廣，浩如煙海，人畢其一生不能窮盡，只能以實用為導向，取其所需。
- **以專業為導向的職業技能**：沒有專業就沒有職業，專業技能是職業技能的保證。
- **以價值為導向的職業觀念**：員工對企業的歸屬感，取決於對企業價值觀的認同。
- **以結果為導向的職業思維**：生命注重過程，但做事要注意結果。以結果為導向的思維方式是一切工作思路的基礎。
- **以敬業為導向的職業態度**：只有把事情當成事業來耕耘才能成功，沒有敬業的態度，就不會有優秀的職業塑造。
- **以生存為導向的職業心理**：生存是生命的前提，生存是職業的基礎，生存意識是職業意識的出發點。

以上六個層面的職業訓練的設計理念，是職業塑造的重要因素，是企業設計一個有效的員工訓練計畫的依據（〈職業訓練的六個層面〉，http://www.uhone.cn/bbs/info.asp?id=249）。

呆若木雞

春秋時代，民間流行一種鬥雞的娛樂活動，齊王也很喜歡這種娛樂，所以請了一位名叫紀省子的馴雞高手來為他訓練鬥雞。

紀省子開始馴雞後的第十天，齊王問道：「孤王的雞馴得如何了？」紀省子答說：「還不到時候，因為王的這隻雞很驕傲，總是高昂著頭。」又過了十天，齊王又問起，紀省子還是搖頭說：「還不行，別的雞一走動，一叫嚷，牠就害怕，再等一陣子看看。」過了一個月，齊王很是著急，又問：「現在鬥雞總該馴好了吧！」可是紀省子仍然搖頭，要齊王再耐心等上一陣子。直到四十天後，才向齊王稟報：「鬥雞訓練成功了，這雞既不驕傲，也不害怕，別的雞叫囂，心神安定如常，看上去就像一隻木頭雞，不驚不動，其他的雞見到牠，都嚇跑了，這已是天下無敵的鬥雞了。」齊王聽了十分高興。後來，這隻雞上陣迎敵，果然從無對手（〈呆若木雞〉，http://content.edu.tw/wiki/index.php/%E5%91%86%E8%8B%A5%E6%9C%A8%E9%9B%9E）。

這就是《莊子‧達生》書上說的：「幾矣。雞雖有鳴者，已無變矣，望之似木雞矣，其德全矣；異雞無敢應者，反走矣。」「呆若木雞」成語的來源，是指人要修練得沒有棱角，隱而不發才能算是成功。

培育部屬責任

英代爾（Intel）公司創辦人暨前總裁安德魯‧葛洛夫（Andrew S. Grove）認為，訓練員工是主管責無旁貸的事。因為主管的責任就是增加企業的產出，而要增加組織的生產力，訓練是最適合的方法。葛洛夫所談的訓練，是指平常就有系統地培養員工能力，而不是等到出現問題以後再來補救的訓練措施，訓練是一項不間斷的過程，而不是單獨做一次就期望有成效出現。

葛洛夫並以實際的數目來說明訓練的效果。如果你必須為你的部門上四堂課，假設一堂一小時的課，你要花三個小時準備，你花在這次訓練上的總時數是十六小時。你的部門如果有十個人，隔年他們在公司的工作時數將大約在二萬小時左右。如果你的訓練能提升部屬績效一個百分點，對公司而言便多了二百個小時——而這是你花了十六小時的結果，投資報酬率驚人（Andrew S. Grove著，巫宗融譯，1997：255）。

所以，葛洛夫認為由主管負責訓練是相當值得的投資。

「留下資產」訓練計畫

美國加州一家與美國國防部簽約的廠商Marilyn Weixel推行一種新型態的員工訓練。該公司發現，在2009年之前，現有員工中有35%都會達到退休資格，到時候公司會損失許多資深員工，有些人的技能全公司中沒有第二個人會。為了保住這些珍貴的知識經驗，公司推行了「留下資產」的訓練計畫。這個計畫將員工正式配對。公司找出哪些資深員工即將退休，而且他們的知識經驗寶貴，損失後難以替代，同時也找出能夠承接這些知識經驗的人選，一名資深員工搭配一名具有高度潛力的資淺員工。

公司鼓勵資深員工在每天的工作中，跟配對的資淺員工分享自己的知識，帶他們一起開會、認識客戶、參與規劃。公司另外安排一名教練協助，因為資深員工雖然對工作專業，但卻不一定懂得如何教導別人（《EMBA世界經理文摘》，2005/06：129）。

2010年榮獲第六屆國家人力創新個人獎的中鼎工程公司的廖文中副總經理，將他在中鼎工程近四十年工作經歷所累積的知識文件，有系統的上傳至中鼎集團知識庫之外，還多次以其高階主管角度於知識庫中發表心得感想，並規劃「退休創新傳承論壇」八場，包括「終身學習故事」、「典範移轉：談中鼎的新世紀管理」、「強將強兵：談中鼎的新世紀領導」、「永恆引力談中鼎企業文化的故事」、「垂直水平，縱橫天下談中鼎的新世紀整合」、「執行力」、「前輩的風範」、「幾度夕陽紅」等主題，以演講方式將其四十年工作精髓，以演講方式授予在職員工。論壇結束後，講稿整理成文章及論壇實況錄製成線上課程，讓向隅的員工仍有機會分享菁華（行政院勞工委員會編輯小組編著，2010：121-122）。

哲學家和船夫渡船

一位哲學家乘船到河對岸，划船的船夫雖然年齡已經很大了，卻一直在使勁地划船，非常的辛苦。於是哲學家問船夫說：「老先生，你學過哲學嗎？」老船夫回答道：「抱歉，先生，我沒有學過哲學。」哲學家攤開雙手說：「那太遺憾了，你失去了50%的生命。」

過了一會兒，哲學家看到老先生如此辛苦，又問：「老先生，你學過數學嗎？」老船夫再次回答：「對不起先生，我沒有學過數學。」哲學家接著說：「哎呀！太遺憾了，那你將失去80%的生命。」

就在這個時候，突然一個巨浪把船打翻了，兩個人同時落入水中，老船夫看著哲學家如此費勁地在掙扎，就問：「先生，你學過游泳嗎？」哲學家說：「我沒有學過游泳。」老船夫無奈地說：「哎呀，那真抱歉，你將失去100%的生命了。」

這則寓言中的哲學家雖然學有一身高深的知識，可以到處高談闊論，但卻沒有具備解決實際問題的能力。在現實生活中一旦遇到具體問題便束手無策，一籌莫展。所以，現代職場從業人員必須是一位「爪型」（多專長）的人，對公司策略、產業、核心專業技術層面也要涉入，瞭解產業環境的多變趨勢，規劃企業前景及個人的生涯發展計畫，同時加強自己領導的深度、廣度與企業經營的專業知識，需要精通許多本事（多才多藝），要能主動地、不斷地學習和調適，以及具有國際化的眼光及心胸，如此才能提升自己的專業視野，做什麼像什麼，成為領導團隊的策略夥伴。

結語

人是企業基本資產，任何企業不能一日無人。但對於企業組織而言，其所擁有的人，應是指可用之人，而非濫竽充數者。因此，培訓員工就顯得非常重要。成功的培訓必須三合一，也就是書本、課程以及工作相結合，將理論應用在實際工作上，這樣的職業訓練對企業及個人才有意義。

春風化雨話工作教導

驥兒，承老夫子的春風化雨，遂令小子成名。
——《兒女英雄傳・第三十七回》

在中國北方流傳著這麼一個「命若琴弦」的美麗故事。

一位彈奏三弦的盲人渴望重見天日。他遍訪名醫，有人介紹他求見一位在深山修行的師父。師父答應了他的要求，為他開了一張能讓他看得見的藥方，但是，師父說：「你得彈斷一千根弦。」

他無奈的帶著失明的小徒弟，心懷著一絲希望，遊走四方。他走遍大江南北，賣唱彈琴為生。冬去春來，年復一年，第一千根弦將斷的時候，他們落腳在黃土高原上。

夜半，弦斷。

天明，抓藥。

藥房師父接到藥單，對著天井透入的強光，正面、反面瞧著，說道：「這只是一張白紙，哪有處方？」琴師聽了，琴弦落地，茫然一片。

是日晚，傷心欲絕。細細思索，終於恍然大悟。他看不見，可是他看見了；許多人看得見，卻一直看不見。隔日，他小心翼翼地將藥方交給徒弟：「我已年邁，此方交付給你。它能夠讓你看得見……」不過，他頓了一下：「你得彈斷一千根弦。」（金樹人，2009：序言）

《可蘭經》說：「神只幫助努力的人。」這就是工作教導。

工作教導概念

主管要重視部屬培育的重要性已經不用贅述，但是要把自己的工作經驗或是部門的工作流程和要求好好的移植到部屬身上的時候，就常常面臨「大家都會開車，但卻不見得會教別人開車」的情況。

工作教導（on job training）是為提升部屬在工作上必要的能力，在工作現場或是模擬的環境下，透過參與的方式與同仁建立合作關係，使其可以循序漸進的完成學習應具備的技能，將工作所需的知識與技能傳授給員工的訓練方式。

哈薩克人有一句諺語說：「駿馬瘦了，根在騎手。」主管在對部屬做工作教導時，要注意下列幾件事，才能事半功倍，看到部屬培訓後的成效。

- 每一位員工的學習速度都不一樣，所以教導時要保持耐心，多示範幾次，直到學會。
- 主管自認為很容易的工作，對部屬而言也許是很艱難的，所以要部屬慢慢學。
- 部屬自有主見，他們不一定會照著你的方式去做，所以要不定時追蹤查核。

- 部屬縱使有經驗，也不一定就知道該如何把工作做好（擁有十年經驗，還是一年經驗卻重複做了十年）。
- 要求部屬做任何指派的工作達到十全十美是不可能的，只能運用其長處。
- 要專注部屬的學習過程（過程決定成果）。
- 要讓部屬的錯誤變成他的學習經驗。

日本諺語說：「教就是學。」各蒙其利。

師徒制雙贏策略

學者絲堪娜（Terri Scandura）統計，美國《財富》（*Fortune*）雜誌五百大企業中，71%的公司設有師徒制（mentoring system）。絲堪娜的研究顯示，如果配對成功，在公司裡擁有師父的員工，通常薪資比較高、升遷比較快、在工作上學習比較順利、更能夠融入公司、生產力更好。而且，當師父的那一方，也一樣能夠獲益。昇陽電腦公司（Sun Microsystems）從1996年開始推行師徒制，為了知道成效，2006年時，公司分析了一千多名員工的資料。結果發現，擔任師父的員工，比沒有擔任師父的員工，升遷次數多了六倍，擁有師父的員工則是五倍。參與師徒制的員工，留職率也比沒有參與師徒制的員工高許多。

絲堪娜也提醒，不見得一位師父能夠解決所有問題，所以可以是一群師父，各教導一名員工不同的面向。而且，徒弟不是要模仿師父，而是要藉由師父的幫忙，把自己的長處做最大的發揮。

聯合航空（United Airlines）的座右銘是：「在標竿學習中，我們需要模仿的不是別人如何做，而是別人如何思考。」

工作教導三階段

日本傳統的「技藝」，都稱之為「道」。例如茶道、花道、書道、柔道、合氣道等等。所謂的「道」，其涵義乃是要將技術之運用提升至精神的領域，而成為一種生活的藝術。由此可見，日本傳統的技藝確有其深奧之處。

上述「道」的學習過程，必須經過「守」、「破」、「離」三個階段。

★階段1：守

是要澈底的學習其規則，要忠實遵守其規則。在此階段，必須學到能夠仿照教導者所提示的樣本，一模一樣的做出來，而且要練習到了隨時隨地都會照樣做得出來的程度，就可以進入「破」的階段。

★階段2：破

是要不顧所學習的樣本，而去創造自己的格調。在此階段，雖然尚不能完全脫離在「守」的階段所學習得到的格調，但是，在「守」的階段所學習得到的格調，已經在身中內化了，所以即使不再意識到其基本規則，也自然會表露出來。換言之，已經能夠體會其精髓所在了。

★階段3：離

能夠形成自己的格調之後，才能被承認可以進入「離」的階段，也就是被認定可以使用自己的力量，去繼續發揚光大自己的格調了。俗話說：「師父領進門，修行在個人。」這就要靠著受教者自己不斷去學習、摸索、研究，才能達到「別樹一幟，方能出人頭地」的境界。到了「離」的階段之後，主要就完全要靠自己的個性及人生觀去發展了，也就是說，已經從單純的技術之修行提升到精神層面的領域了。所以，日本前海軍總司令山本五十六說：「先自己做給他看，然後讓他做，做得好就誇獎他。」

主管讓部屬精通於基本的動作（守），讓其具備應有的能力（破），把部屬教導成為一個可以獨當一面的優秀員工（離），這就是主管的任務（名倉康修著，林耀川、黃南斗譯，1996：64-66）。

晉商學徒制

晉商的學徒入號前，由主考人當面測試其智力，試其文字。通過者，擇日進號（進號稱請進，表示人才請入，前途無量）。入號後，總號指派年資較深者任教師進行培養。

培訓內容包括兩個方面：一是業務技術，包括珠算、習字、抄錄信稿、記帳、寫信等，學習蒙、滿、俄語，瞭解商品性能，熟記銀兩成色。一是職業道德訓練，主要有重信義、除虛偽、節情欲、敦品行、貴忠誠、鄙利己、奉博愛、薄嫉恨、幸辛苦、戒奢華，並派往繁華商埠，以觀其色。

山西（晉）商人的習商諺語充分說明了其對學徒要求之嚴，所謂：「忙時心不亂，閒時心不散」、「快在櫃前，忙在櫃檯」、「人有站相，貨有擺樣」。在山西商人中還流傳著這樣的學徒工作規矩：

黎明即起，侍奉掌櫃；五壺四把（茶壺、酒壺、水煙壺、噴壺、夜壺和條帚、撣子、毛巾、抹布），終日伴隨；一絲不苟，謹小慎微；顧客上門，禮貌相待；不分童叟，不看衣服；察言觀色，唯恐得罪；精於業務，體會精髓；算盤口訣，必須熟練；有客實踐，無客默誦；學以致用，口無怨言；每歲終了，經得考驗；最所擔心，鋪蓋之卷；一旦學成，身股入櫃；已有奔頭，雙親得慰。

由於晉商學徒制執行很嚴格，從而培育了不少人才，成為晉商的骨幹力量。

絕纓會

《東周列國志》有這麼一段記載，楚莊王平定了斗越椒的叛亂後回京城，大擺宴席慶功，文武大臣和妃嬪都參加。大廳裡奏著樂，大家高高興興地喝著酒，一直喝到日落西山還不願離席，莊王就命令點起蠟燭再喝。

莊王又叫他最喜歡的許姬出來給大臣們敬酒。正在這時候，忽然一陣狂風把大廳裡的蠟燭全吹熄了。在一片漆黑中，有一個人趁機拉住許姬的袖子，去捏她的左手。許姬用右手把那個人帽子上的纓子揪下來，嚇得那人趕快放了許姬的手。許姬拿著帽纓子摸到楚莊王跟前去告狀。正在這個時候，有人拿來了火種準備點燃蠟燭。

莊王趕忙站起來大聲說：「等一會兒點燃蠟燭，今天晚上我們來個痛快，不要那麼衣冠整齊，搞得那麼拘束。請大家都把帽纓子摘下來，不摘下帽纓子就不痛快。」大臣們都莫名其妙地把帽纓子摘下來了，楚莊王這才叫人點燃蠟燭，請大臣們照樣喝酒。

後來楚國討鄭國時，健將唐狡自告奮勇當開路先鋒，進兵神速。莊王召見他，要獎賞他。他說：「君王已給我優厚的賞賜，我今天應該報效於您，不敢再受賞了。」莊王感到很奇怪，說：「我還不認識你，什麼時候賞賜過你？」他回答說：「在絕纓會上，拉美人袖子的就是我，承蒙君王不殺之恩，今特捨命相報。」

（〈絕纓宴會〉，http://www.hb.xinhuanet.com/cwh/2005-03/04/content_3816414.htm）

如果從教導部屬的宏觀角度來看這件「絕纓會」故事，部屬犯了過錯，也可以看成是培育部屬更上一層樓的「培訓費用」，所謂「不經一事，不長一智」的歷練下，部屬才能成為「棟樑」之才。

員工犯錯要給自新機會

許多企業標榜鼓勵員工犯錯，但真正能夠做到珍視犯錯價值的企業不多。台灣國際商業機器公司（台灣IBM）一家客戶購買供應鏈管理系統，卻因一名員工的疏失進錯系統，後來只好緊急從美國進口，加上修改成本，導致這宗生意讓IBM蒙受一億五千萬元損失。事後追究責任，有主管主張嚴懲這名員工，但在IBM全球企業諮詢服務事業群總經理劉鏡清一席話力保之下被輕輕放下，他說：「我們IBM不是最重視從錯誤中學習嗎？這是花了1.5億元好不容易學到的經驗，我們是要把這經驗送給別人用呢？（意指這名員工可能離職）還是留下來自己用？」（賀桂芬，http://m.cw.com.tw/article.jsp?id=5001124）

《左傳・宣公二年》有一段記載說：「人誰無過？過而能改，善莫大焉。」意思是說，誰能不犯錯誤呢？犯了錯誤而能改正，沒有比這更好的事情了。

裝錯機用油

鮑伯・胡佛是個有名的試飛駕駛員，時常表演空中特技。有一次，他從聖地牙哥表演完後，準備飛回洛杉磯。根據《飛行作業雜誌》所描述，胡佛在三百呎的地方時，剛好有兩個引擎同時故障。

幸虧他反應靈敏，控制得當，飛機才得以順利降落。

胡佛在緊急降落之後，第一個工作是檢查飛機用油。正如所料，那架第二次世界大戰的螺旋槳飛機，裝的是噴射機用油。回到機場，胡佛求見那位負責保管的機械工。年輕的機械工早為自己犯下的錯誤痛苦不堪。機械工一見到胡佛，眼淚便沿著面頰流下。他不但毀了一架昂貴的飛機，甚至差點造成三人死亡。

你可以想像出胡佛的憤怒。這位自負、嚴格的飛行員，顯然要為不慎的修護工作大發雷霆，痛責一番。但是，胡佛並沒有責備那個機械工人，只是伸出手臂，圍住工人的肩膀說道：「為了證明你不會再犯錯，我要你明天幫我的F-51飛機做修護工作。」（Dale Carnegie著，詹麗茹譯，1991：38-39）

舉世聞名的法國詩人維克多・雨果（Victor Hugo）說：「世界上最寬濶的是海洋，比海洋更寬濶的是天空，比天空更寬濶的是人的胸懷。」

結語

我們常講「授人以魚，不如授人以漁」，說的是傳授給人既有知識，不如傳授給人學習知識的方法。道理其實很簡單，魚是目的，釣魚是手段，一條魚能解一時之饑，卻不能解長久之饑，如果想永遠有魚吃，那就要學會釣魚的方法。就如同一個人若是看不到未來，就掌握不到現在；一個人若是掌握不住現在，就看不到未來。人為自己設下目標，帶來希望，所有的行為將會凝聚在這個希望的周圍，活出意義來。

逍遙自在話生涯規劃

二十四臘，逍遙自在，逢人則喜，見佛不拜。

——宋・釋普濟《五燈會元》

獲得第七十一屆奧斯卡最佳導演獎的《搶救雷恩大兵》（*Saving Private Ryan*）影片，是美國經典戰爭電影之一，描述諾曼第（Normandy）登陸後，雷恩（Ryan）家庭中四名於前線參戰的兒子中，除了隸屬101空降師二等兵的小兒子詹姆斯・雷恩（James Ryan）仍下落不明外，其他三個兒子皆已於兩週內陸續戰死。

美國陸軍參謀長馬歇爾上將得知此事後出於人道考量，特令前線組織一支八人小隊，只為在人海茫茫、槍林彈雨中找出生死未卜的二等兵雷恩，並將其平安送回後方。

搶救的任務很艱難，而為了搶救大兵所派出的那一個班，全部陣亡，執行任務的上尉，在臨死前跟雷恩說：「我們都為你犧牲了，你要好好掙得你的一生。」電影片尾，雷恩已經變成白髮蒼蒼的老先生了。

他回到諾曼第這個地方，找到了那位上尉的墓，一跪下去，就是止不住的淚水。雷恩的太太到他身邊，雷恩問她：「我有沒有好好過我的一生？」

帕森斯理論

1908年，一個叫弗蘭克・帕森斯（Frank Parsons）的人為了幫助年輕人和成年人梳理這個日漸複雜的職業選擇過程，在波士頓（Boston）一個街道的一棟住宅樓裡創建了職業局。

這項新計畫指導求職者（尤其是新來的移民）去審視他們自己的個性特點，調查當地的就業狀況，然後選擇可能的最佳機會，這就是生涯諮詢過程的肇始。帕森斯的著作《選擇一份職業》（*Choosing a Vocation*）為那些有志於在城市中發展事業的人們介紹了生涯選擇的三個步驟：

- **步驟1**：對自身的興趣、技能、價值觀、目標、背景和資源進行認真的自我評估。
- **步驟2**：針對學校、業餘培訓、就業和各種職業，考察所有可供選擇的機會。
- **步驟3**：鑑於前兩個階段所發掘的資訊，仔細推斷何為最佳選擇。

自二十世紀五〇年代初期以來，生涯理論家日益推崇這樣一種觀念：生涯不僅僅是一份職業或工作，也是決定人們怎樣生活的貫穿一生的過程。換句話說，人們在不停地使用帕森斯的三階段過程理論來調整自己的多種生活角色。

π型人的生涯

被譽為「東方企管大師」的大前研一，麻省理工學院（Massachusetts Institute of Technology）獲得核能工程博士學位，後來進入麥肯錫管理顧問公司。剛到公司任職時，他被公司主管比喻為像公牛身上的乳頭一般，毫無用處。但他持續努力、堅持不懈，終於榮升至公司的最高職位。

他的第一專長是工程學，第二專長是經營管理。雙專長的優勢使他在企管顧問工作上無往不利，以工程人員清晰分析事理的能力處理複雜繁瑣的商業問題，造就他日後成為管理大師及財經書籍的暢銷作家。

他說，在一個快速變化的社會，人只具備一項專長，做「I型」的人，僅有聰明才智（intelligent）是不夠的；要發展第二專長，成為「π型」的人，才是一個求新、求知、求變的人，也才能加倍發揮人生的價值。

他認為具備第二專長或能力的職場π型人，在瞬息萬變的時代下，對公司的貢獻度較僅擁有單一專長者大，對雇主來說，他是個無可取代的員工。

「π」是希臘文第十六個字母，在數學上代表圓周率，埃及第一大金字塔——古夫金字塔（Khufu Pyramid）的周長除以兩倍塔身高度，就恰恰等於這個數值。π字具有完美又平衡的形態，左下方的一撇加上右下方的一捺，再搭配上方串聯左右的橫槓，使整個字體穩穩站立。

「π型人」如同π字一般，伸出左腳，踏出右腳，再平舉雙手，故可屹立在職場中，無畏環境的劇烈變化及打擊。「π型人」的左腳（指第一種能力），包括個人的第一專長、第一領域、第一視野、第一技能、第一文憑、第一外語等。「π型人」的右腳（指第二種能力），例如第二專長、第二領域等。「π型人」的橫槓，代表跨專長、跨領域、跨視野、跨技能、跨文憑、跨語文的能力及思維；可將兩種能力相互結合，相互激盪產生更大效果。

「π型人」較單一專長者多一份能力，較只有熟悉單一領域者可處理更多事務，擁有更寬廣的視野。具有雙專長、熟悉雙領域、懷有雙視野、適任雙職位、擁有雙文憑或精通雙外語的人，都可稱為「π型人」，在就業職場上的大環境中，投資自己成為「π型人」，勢必將成為一種顯學（呂宗昕，2009/02）。

職涯規劃

相對論（Theory of Relativity）的創立者阿爾伯特・愛因斯坦（Albert Einstein）說：「全世界最偉大的力量不是原子彈，而是複利！」原子彈力量驚人，在於原子碰撞時所產生的巨大質能轉換；相對地，在職涯規劃實踐中，投資職場能量所產生的複利效應，將迅速累積人生資產。

早期職涯規劃的理論，均以年齡為職涯規劃的階段，分為探索期、建立期、維持期與隱退期。但隨著社會變動加劇，人類平均壽命延長與生育率下降的結構因素改變，同樣的人，在工作轉換、輪調或升遷時，職涯發展會進入循環階段，而非原有的線性模式。

正確的職涯規劃，目的不在於按部就班進行，應該保持「專業彈性」，讓自己在變動的職場中，專業歸零的機會變小。三十歲以前慎選職業、打造專業，三十歲以後注重人脈培養。初入職場者一方面要壓縮確立目標的時間，另一方面又要為打造基礎競爭力做準備；成長型的工作者，除了要培養晉升本錢，還要在專業之外，尋求實踐工作價值的其他方法（如人脈）；成熟型的工作者，必須面臨轉職以及開創事業第二春的挑戰；最後，處於隱退期階段的工作者，則要思考職業能量能否創造意外價值（丁永祥，http://welearning.taipei.gov.tw/modules/newbb/viewpost.php?forum=81&viewmode=flat&type=&uid=0&order=DESC&mode=0&start=660）。

大前研一建議議人們在做知識生涯規劃時，在二、三十歲前加強自己的英語力、財務力、解決問題的能力，以及專精一、兩項樂器與體育技能的嗜好；四十歲以前，要想辦法在國外有五年以上的生活經驗，如此，才能有國際化能力。在四、五十歲左右，要勤於學習理財知識，讓自己的資產增值，並安排退休住宅，或在山明水秀之地，或到其他更便宜、安全、有良好的醫療保健的地方居住等等。

賈伯斯的生涯規劃

史蒂夫・賈伯斯（Steve P. Jobs）是電腦業界的標竿人物，他生命中最重要的禪宗導師是日本禪師乙川弘文。他從里德學院（Reed College）返回高科技公司雲集的美國加州聖塔克拉拉谷（矽谷，Silicon Valley）後，經常到乙川弘文主持的位於洛斯阿爾托斯（Los Altos）的禪宗中心修習。1976年創辦蘋果電腦（Apple Computer, Inc.）前，賈伯斯一度陷入了迷茫。

「我是該在矽谷創業，還是該去日本修禪？」賈伯斯恭敬地請乙川弘文禪師指點迷津。「創業奔波勞碌，心思無法寧靜；修禪青燈古佛，抱負無法施展。大師，我該如何決斷？」

「去！」禪師拍擊著賈伯斯的肩頭，用喝斥點醒迷霧中的年輕人，「人生如電，亦如朝露，奔波勞碌是一回生死，青燈古佛亦是一回生死。原本無生無死，萬事皆是夢幻，又何需決斷？」

「可是，我無時無刻不想著改變世界。如果人生皆如夢幻，改變與不改變，又有什麼分別？」

「你看！」禪師指著牆上經幡，「風吹幡動。千百年前，有僧人說：『是風動。』又有僧人說：『是幡動。』六祖惠能說：『不是風動，也不是幡動，而是心動。』變與不變，其實，只在於你是不是真的心動。」

「您是說，只要追隨我心，就無需掙扎？」

「一切萬法，不離自性。去吧，既然心嚮往之，還有什麼可掙扎的？全心即佛，心佛無異。當心性再無滯礙，行止皆隨本心的時候，你就是大徹大悟的佛陀呀！」

聽了禪師乙川弘文的話，賈伯斯就像鬥士一樣，在改變世界的道路上一路前行，無論勝負成敗，都始終隨心所想、隨性所止、隨緣所至。賈伯斯是在用自己的生命實踐著禪的真諦（王詠剛、周虹，2011：234-235）。

智慧人生

日本新津珊樹在其所著《四十歲後的健康生活》一書中，列舉以往許多偉大的哲學家、文學家、藝術家、音樂家，都在六、七十歲以後才完成他們畢生最成功的作品。例如：德國大文豪歌德（Johann Wolfgang von Goethe）的名劇《浮士德》（*Faust*）的第二部，到八十二歲時才完成；在義大利文藝復興時代，藝壇三傑達文西（Leonardo di ser Piero da Vinci）、拉斐爾（Raphael）和米開朗基羅（Michelangelo Buonarroti）被史學家說：「如果把達文西的藝術比作『不可知的海底深處』，米開朗基羅的作品就是『高山崇峻的峰頂』，拉斐爾的畫則是『廣闊開展的平原』。」這就是三位畫風的特點，也道出米開朗基羅的天才。六十六歲（西元1541年），米開朗基羅完成西斯汀教堂的祭壇畫《最後的審判》，描繪的是世界末日來臨時，萬民都在基督面前接受審判，善者升天與耶穌和眾使徒同在，惡者被打入地獄；西班牙浪漫主義畫家哥雅（Francisco de Goya）所繪有名的《被分割的表演場所》（*The Divided Arena*），係七十九歲時的作品；日本大槻文彥所編《言海》大辭書，在六十六歲時認為需要修訂，繼續工作十六年，到八十二歲才大功告成。

我國的至聖先師孔子，在魯哀公十一年冬天從衛國回到魯國定居，開始著述，那時已六十八歲。刪詩書、定禮樂的那年，為六十九歲。他一生最偉大的著作《春秋》，完成於魯哀公十五年（西元前480年），那年他已七十二歲。所以，唐朝李商隱的詩〈晚晴〉提到：「天意憐幽草，人間重晚晴。」可以體味到晚晴美麗，有一種分外珍重美好而短暫的事物的感情，也是一種積極、樂觀的人生態度，是個人創作的顛峰期。

樂觀面對人生

1914年12月的一個晚上，西橘城（Orange）規模龐大的愛迪生工廠遭到大火，工廠幾乎全毀了。那一晚愛迪生（Thomas A. Edison）損失了兩百萬美元，他許多精心的研究也付之一炬。此時的愛迪生已經六十七歲了。當他的兒子查理斯・愛迪生（Charles Edison）緊張地跑去找他的父親時，他發現老愛迪生就站在火場附近，滿臉通紅，滿頭白髮在寒風中飄揚。

查理斯後來向人描述說：「我的心情很悲痛，他已經不再年輕，所有的心血卻毀於一旦。可是他一看到我卻大叫：『查理斯，你媽呢？』我說：『我不知道。』他又大叫：『快去找她，立刻找她來，她一生不可能再看到這種場面了。』」

隔天一早，老愛迪生走過火場看著所有的希望和夢想毀於一旦，原本應該痛心絕望的他卻說：「這場火災絕對有價值。我們所有的過錯都隨著火災而毀滅。感謝上帝，我們可以從頭做起。」三週後，也就是那場大火之後的二十一天，他製造了世界第一部留聲機（〈一種心境，一種世界〉，http://book.qq.com/s/book/0/17/17330/25.shtml）。

我們知道，樂觀有助於克服困難，而夢想則有助於我們保持這種樂觀，保持積極向上的動力。日出可能很燦麗，日正當中可能明亮照人，但晚霞的濃郁與深刻卻是最美的。同樣面對黃昏景色，樂觀的人會說：「莫道桑榆晚，晚霞沿滿天。」而悲觀的人則會說：「夕陽無限好，只是近黃昏。」心態決定一個人如何看待個人生涯規劃的起起落落。

結 語

金飯碗、鐵飯碗的時代已經過去了，以目前經濟環境瞬息萬變的狀況看來，即便你今天認為是有保障的公司，也不代表著明天的保障。所以重新去認識你自己，檢視你生存條件。你不但要有專長，還要有一個以上的專長；不但工作要能專精，還要創造自己不可取代的條件。無論景氣如何，只有你是自己的救星（嚴長壽，2003：81）。

Part 4

步步高陞

峰迴路轉話職務輪調

峰迴路轉，有亭翼然臨於泉上者，醉翁亭也。

——宋・歐陽修〈醉翁亭記〉

曾四度獲得普立茲新聞獎（Pulitzer Prize）的美國著名詩人羅伯特・佛洛斯特（Robert Frost）有一首傳誦當代的詩：〈沒有走的路〉（The Road Not Taken）。這首詩是這樣寫的：

黃樹林裡分叉兩條路，只可惜我不能都踏行，我，單獨的旅人，佇立良久，極目眺望一條路的盡頭，看它隱沒在林叢深處。於是我選擇了另一條路，一樣平直，也許更值得。因為青草茵茵，還未被踩過，若有過往人蹤，路的狀況會相差無幾。

那天早上，兩條路都覆蓋在枯葉下，沒有踐踏的汙痕，啊，原先那條路留給另一天吧！

明知一條路會引出另一條路，我懷疑我是否會回到原處，在許多許多年以後，在某處，我會輕輕嘆息說：黃樹林裡分叉兩條路，而我，我選擇了較少人跡的一條，使得一切多麼地不同。

輪調的安排，是員工沒有走過的路，原來熟悉的經驗透過輪調將「一夕」廢功，所以，有人抗拒，有人認命。

工作輪調的意義

工作輪調（job rotation），是組織內定期給員工分配完全不同的一套工作活動，即從一個部門（職務）調到另一部門（職務），以增廣個人對企業各部門或職務的瞭解。因而，工作輪換就是培養員工多種技能的一種有效的方法，既使組織受益，又激發了員工更大的工作興趣，創造了更多的職涯前程規劃的選擇。

首位非裔美國人的四星上將、國家安全顧問、參謀首長聯席會議主席以及國務卿的克林‧鮑爾（Colin Luther Powell），是官位僅次於第四十四任（第五十六屆）總統歐巴馬（Barack Hussein Obama Jr.）的非裔美國人。在《鮑爾風範：迎戰變局的領導智慧與勇氣》（*The Leadership Secrets of Colin Powell*）一書上提到：

在我晉升三顆星的當天，我的老闆，也就是陸軍參謀首長給了我一封信。信中說：「親愛的鮑爾，恭喜！你現在是三顆星了，並且將出任德國軍區司令。這項工作任期二年，如果在這二年內，你沒聽說我要派給你下個工作，或是未能晉升四星上將，我希望你能自動把辭呈送到我桌上。」

換言之，只要鮑爾持續成長和發展，只要他比年輕的後進更能對組織有所貢獻，就會繼續受組織重視培育。這些重要的標準很適合讓領導人用在自己的團隊中（Oren Harari著，樂為良譯，2002：157）。

輪調制度的重要性

一位員工在同一職位「做」（呆）太久，所見、所聞、所想的是本身的業務，較難能看到整體組織的願景，於是產生本位主義的現象，遇事容易推諉塞責，斤斤計較。實施輪調制度，可以使之進入另一個領域思考，除了豐富經驗，並將具有系統思考的能力，同時更具有寬廣的人際關係的建立。

輪調制度的重要性有：

- 可增加員工在職場上歷練不同工作經驗，進而提升工作知能與技術，達到見樹又見林的境界。
- 可有效擴展工作中的人際關係，增進團隊合作與戰力，降低部門衝突。
- 可有益人才有效培植，確保公司不斷發展，永續經營。
- 可讓員工增加變動的危機處理與解決事情的多元能力。
- 定期輪調可保持工作的彈性，不致因為工作的重複性而使員工怠惰。
- 工作太過安定容易讓組織腐化，輪調制度讓員工有危機感，隨時將事情做好。
- 安排適當的接班人。

總而言之，員工如樂於參與工作輪調的行列，絕對可以從輪調歷練中提升自我的技術能力，學習各種新技能，改善人際關係的圓融度，進而培養團隊精神，邁向未來接班梯隊的成員之一。

晚清的李寶嘉寫了一本《官場現形記》的譴責小說，其第一回〈望成名學究訓頑兒　講制藝鄉紳勖後進〉中說：「為這上頭，也不知捱了多少打，罰了多少跪，到如今才掙得這兩榜進士。唉！雖然吃了多少苦，也還不算冤枉。王孝廉接口道：這才合了俗語說的一句話，叫做『吃得苦中苦，方為人上人』。」

忍耐是最艱苦的磨練，才能出人頭地，也如同《世說新語·排調篇》說的：「顧長康啖甘蔗，先食尾。問所以，云：『漸至佳境。』」意謂甘蔗愈近根部甜度愈高，故愈吃愈甜，輪調又何嘗不是這樣。

組織壽命學說

美國學者丹尼爾·卡茲（Daniel Katz）從保持企業活力的角度建立了企業組織壽命學說。他研究發現，組織壽命的長短與組織內訊息溝通情況有關。組織壽命曲線表明：在一起工作的研科人員，在一年半至五年這段期間裡，訊息溝通最頻繁，獲得的成果也最多，這是因為相處不到一年半，成員之間不熟悉，尚難敞開胸扉；而相處超過五年，已成為老相識，相互之間失去了新鮮感，可供交流的訊息也變少。

一個科研組織與人一樣，也有成長、成熟、衰退的過程。組織的最佳年齡區為一年半至五年，超過五年就會出現溝通減少、反應遲鈍及組織老化等現象。解決的方法是透過人才流動對組織進行改組。

工作輪調的阻力

普克定律（Packard's Law）說：「企業成長速度，若超過人才進入或內部培養的速度，就無法成為卓越的企業。」雖然輪調好處多多，但是在執行過程中，卻往往推動不易，探究其原因，不外乎有下列幾點因素在作祟：

- **工作輪調會造成短暫的戰力損失**。主管調教新手是要花時間的，況且生手上路，短期間部門內績效會受影響，自己何苦搬一塊磚頭來砸自己的腳呢？
- **管理人員不願意放走優秀的部屬**。俗話說：「肥水不落外人田。」主管多年培育有成的員工，為什麼要為他人作嫁？平白損失自己的戰力。這是一種錯誤的觀念，所以，台達電子公司（Delta Electronics, Inc.）規定讓員工自己選擇輪調，可以不用經過直線主管，直接找想調往的部門主管洽談。
- **員工不喜歡變動的傾向相當強**。一動不如一靜，自己何苦再當新人受人折磨呢？在老同事面前學習、請教人多沒面子啊！
- **工作態度風評不佳的員工沒人想要**。風評不佳、被貼上標籤的員工，哪個單位的主管願意接手這個燙手山芋呢？

事實上，為使人力資源能適才適所，以免人力資源之浪費，上述這些似是而非的觀點是一種「見樹不見林」的主管與個人的偏見在作怪，因為，輪調才能使「能者看到未來美景，弱者則能脫胎換骨」。所謂「山重水複疑無路，柳暗花明又一村」，推行輪調制度，其道理在此。

人事決策

一家研究所的所長想要解聘一位高級主管。那位高級主管年齡已五十多歲，幾乎一生都獻身於這個機構。可是在多年的優良表現之後，他忽然力不從心了，不能再勝任現職。雖然按照人事法規可以解職，但研究所也不想把他辭退，當然也可以降級任用，但又恐怕會打擊他。所長覺得他過去多年對研究所曾有過許多貢獻，總不能太虧待他。然而現在，他卻不適宜續任了，他的缺陷太明顯，如果繼續留任管理職位，恐怕整個研究所都將受到影響。

為此，所長與副所長討論了好多次，始終找不出適當的辦法來。直到有一天，他們兩人利用一個晚上，整整花了三、四個小時研究，不讓別的事情來打擾，他們才忽然發現解決辦法原來那麼「明顯」。說來其實簡單極了，但是誰也弄不懂為什麼過去那麼久都沒有想出來。辦法是將那位主管由目前不合適的職位調到另一個重要的新職位，而這個新職位並不需要他擔當他能力所不及的行政責任（Peter F. Drucker著，許是祥譯，2009：32-33）。

雙贏的例子

台積電（TSMC）人力資源處處長廖舜生在接受《哈佛商業評論》（*Harvard Business Review*）訪談時提到，台積電在實施輪調制度有兩方雙贏（win-win）的例子：

其中一例是有工業工程背景的廠長，調到人力資源營運中心擔任主管，他把自己的專長結合過去當「人力資源使用者」的經驗，大幅翻修這個單位的作業流程，成效卓著。另外一例是把一位製程整合專長的博士，調到訂價處，他把自己產品和技術的專長，用於策略性訂價，改變了過去成本毛利訂價的傳統方式，為公司創造了不少貢獻（〈催生下個世代的總經理〉，http://www.hbrtaiwan.com/event/sell_201005businessclass/20100623.html）。

企業善用工作輪調制度，是可以事半功倍，提升士氣，又能創造高生產力的良方。所謂「沿著千萬人走過的路行走，永遠不會留下自己的腳印，只有行走在無人涉足的艱難境地，生命才會留下深深的印痕」，這段話值得在職場上班的人深思與採取行動，也就無懼於景氣的起起落落，擔憂失業的徬徨無助。

美國莊臣公司

總部設在威斯康辛州（Wisconsin）拉辛市（Racine）的美國莊臣公司（SC Johnson Wax），係由山姆・莊臣（Sam Johnson）在1886年創建。2011年獲得《財富》雜誌「最佳雇主25強」之一，入選理由亮點：內部擇業自由行。

莊臣公司加拿大分公司推行「內部實習生計畫」，會讓實習生在三到六個月內體驗公司內不同領域的工作。一旦實習期滿，實習生可以選擇返回原職位工作，如果出現崗位空缺，需要員工在實習期內獲得的技能，員工也可以申請。這一「家庭型公司」還在義大利分公司推廣實施「工作—生活平衡法則」：總監和經理每天早上九點半之前和下午五點之後不得召集部屬開會，這樣員工就能有時間接送孩子上下學（〈權威機構盤點全球25個最佳雇主排名3M公司居首〉，http://news.hainan.net/newshtml08/2011w11r10/818090f7.htm）。

輪調制度的做法

東隆五金工業公司為製鎖業之領導廠商，原是一家績優企業，一夕間變成掏空八十八億元的地雷公司；之後在三年間，憑藉各方人士鼎力協助，以及債權銀行減債支持，成功甩開百億負債、由虧轉盈，成為台灣有史以來第一家重整成功，重返股市的問題企業。

浴火重生的東隆五金，其總經理陳伯昌說，在組織人事上，做了大幅度的「重整」，並進行不同部門主管的輪調。為了培植具有整合能力的經營管理人才，我將同仁從生產部門調到研發部門，研發部門調生產部門，這可讓生產部門主管瞭解研發部門的工作內容，同時讓研發部門瞭解生產部門需要什麼樣的研發產品，甚至為了讓生產部門瞭解市場脈動，我也會將廠長調至業務部門。不過一開始進行主管輪調時，大家都很抗拒，因為過去很少輪調，即使有，也都具有負面意涵，不是做不好，就是被整，在這樣的觀念下，當然都會抗拒，而且還有個人因素摻雜其間。

東隆五金的廠房在嘉義，業務部門則是在台北，因此工廠的主管若是調到業務部門，就是家庭問題要處理，總之，一定會有抗拒的情形。所以，我都會讓他們瞭解輪調不是因為他們做得不好，或是為了要整他們，而是給他們在未來擔負更重要的角色（譚淑珍，2004：213-214）。

結語

職務輪調就如同汽車要有「備胎」，行駛中就不怕突然「爆胎」而束手無策。有實施輪調制度的企業，在員工突然離職他去時，也就不會有員工離職後所留下來的工作無人會做的「空窗期」出現。所以，企業實施輪調制度就能不斷地培養出具有深度與廣度的人才，這對企業或個人而言皆各蒙其利。

平步青雲話升遷捷徑

須賈頓首言死罪，曰：賈不意君能自致於青雲之上。

——司馬遷・《史記・范睢蔡澤列傳》

美國史上第三十位總統柯立芝（John Calvin Coolidge, Jr）任期將屆滿時，他發表了有名的聲明：「不再競選總統。」當時新聞記者把他團團圍著，要他詳細說明為什麼不想再當總統的原因。

實在沒有辦法，柯立芝總統只好把一位記者拉到一邊，對他說：「因為沒有升遷的機會。」

彼得原理

管理學家勞倫斯・彼得（Laurence J. Peter）在1969年出版的一本《彼得原理》（*The Peter Principle: Why Things Always Go Wrong*）書中，指出在組織或企業中，人會因其某種特質或特殊技能，令他在被升級到不能勝任的地步，反而變成組織的障礙物（冗員）及負資產，此謂「彼得原理」（The Peter Principle）（向上爬的原理），其具體內容是：在一個等級制度中，每個員工趨向於上升到他所不能勝任的地位。

企業要避免「彼得原理」的產生，首先組織要確認升遷的標準，不應只看既有職位者目前的工作表現，也要有計畫地觀察其適應未來職位的潛能；組織也需要提供完善的學習與導師制度，以便認出有發展潛能的員工，幫助他們成長，培養組織的接班梯隊；在組織文化上，也應避免將員工的目標導向只重升遷的職涯途徑，除了升遷之外，也可以考慮以獎金、變更職稱等方式來激勵員工的措施；員工要認識自己，瞭解自己的核心能力，發現自己的工作興趣，選擇自己最能勝任的工作，不要被升遷的光環所蒙蔽（任維廉，2005/02：65）。

升遷的涵義

升遷（promotion）即是將員工安置於組織架構中較高的職位。通常均含有較重的責任、較顯著的地位、較多的自由、較大的權力、較優厚的待遇，以及較穩固的保障。如果企業的員工晉升決策完全依賴於員工過去的業績，那麼很可能導致這樣的結果：即員工晉升到某一職位後，缺乏這一工作崗位所需要的技能和能力，並因此導致無法勝任該工作。

組織時常以「晉升」作為獎勵員工的手段，但是卻未考慮員工是否已做好準備。一旦被晉升的員工本身的學習成長太慢，或是沒有足夠的給予培訓，不能適應管理或更專業的工作，就會對新任的職位（管理職或技術職）無法勝任，而出現「彼得原理」所描述的狀況。所以，美軍軍官人事制度升遷篇上提到：「升遷是遴選適合擔任該項職務的人，而不是在報答過去努力的績效。」

任職中華電信公司的勞工安全講師的林姓男子（五十七歲），在2011年8月4日被發現在電信訓練所宿舍中燒炭身亡。警方表示，死者遺書提到，因在公司無法升遷，工作壓力大，所以才會選擇自殺，希望公司能夠重視員工的升遷（〈升遷不順　中華電講師燒炭身亡〉，http://tw.nextmedia.com/realtimenews/article/local/20110804/58097/）。

升遷對一般員工而言是極其重要的，它不僅影響其職涯發展外，在成就導向的社會中更代表個人的成長與功成名就。所以，統一企業集團總裁高清愿說：「在社會上，每個人都希望自己是塊棟樑之材，能夠擔任要職，被賦予重任。但是，在僧多粥少的情況下，一個人想在人群中脫穎而出，先決條件，就是得證明自己是塊真金，禁得起火煉。」

晉升部屬的思維邏輯

因在公司無法升遷而「以身殉職」事件，凸顯了升遷的複雜性。員工往往因表現傑出而被提升，卻未考慮其能否勝任新的工作，特別是「管人」的工作。所以，主管在晉升部屬時要考慮下列的事項：

★品德

「心樸而心實」即為誠實信用，晉商幾百年的繁榮與此有莫大關係。想要有資格晉升到更高的管理階層角色，必須真心投入其所參與的競爭，並約束個人的貪婪、傲慢與散漫。2003年，理律法律事務所遭到一位資深員工劉某侵盜客戶款項近新台幣三十億元，因一個人「品德」有瑕疵，而讓事務所的聲譽、資產受到嚴重的打擊，更讓部分合夥人不得不拆夥，印證了「一粒老鼠屎壞了一鍋粥」這句俗話。

★意願

我們可以牽一匹馬到河邊，但是無法強迫牠喝水。職位升遷必須要視察被點到名的員工是否有意願。《論語‧公冶長篇》記載：「顏淵、季路侍。子曰：『盍各言爾志？』子路曰：『願車馬，衣輕裘，與朋友共，敝之而無憾。』顏淵曰：『願無伐善，無施勞。』子路曰：『願聞子之志。』子曰：『老者安之，朋友信之，少者懷之。』」人各有志，勉強不來。

★價值觀

前任奇異電器公司（GE）總裁傑克‧威爾許說：「不信奉企業的核心價值觀但是有成績的人，進行改造，如果不能成為第一種人（信奉企業的核心價值觀又做出成績的人，提拔重用），最終還是要離開企業。」由於職位晉升的對象，未來都要擔任企業的關鍵職位，對企業影響深遠。因此，在晉升員工時，檢視該員工是否符合企業所要求的價值觀與核心能力（使命、願景、價值觀、經營理念、企業文化），便成為晉升部屬人選的一項重點。

★資歷

資歷，是指員工因為工作時間長短不同而獲得在職務上的歷練而言。如果完全按照資歷來決定升遷，勢必會造成因論資排輩帶來的賢愚混雜，也限制了優秀人才的進取，從根本上違背了「為官擇人」的準則。西晉劉毅在〈九品八損疏〉中提出：「凡官不同事，人不同能，得其能則成，失其能則敗。」所以，職位和經歷必須相配襯，才能使被任命接受新職位的員工發揮其個人的長才。

★人緣

人緣，其實就是指著一個人的人際關係。一個人的人際關係狀況是否良好，是否有好人緣，直接影響到工作、學習、生活順暢與否，更關係到做事能不能順利地達到目的。美國獨立戰爭時期的偉大領袖班傑明・富蘭克林（Benjamin Franklin）說：「成功的第一要素是懂得如何搞好人際關係。」也就是「人脈存摺」的累積，是奠定事業成功的基石。

★考績

《尚書・舜典》中的「三載考績，三考黜陟幽明。」意思是指黜退昏愚而晉升賢明的官員。隨著目前盛行的目標管理的實施，考績良窳成為獲得升遷資格的重要審核項目基礎之一，摒除了歷年來升遷靠「熬年資」與透過「外人關說」而取得職位的陋規，也就是「能力主義」的實踐。

升遷的迷思

企業有新職位出缺時，究竟該提拔哪一位員工來接任？往往是令主管傷透腦筋的抉擇，尤其是在有多名候選人時。做對了選擇，可以提升員工士氣，使雙方獲益；做錯了選擇，則對雙方都會造成傷害。所以，主管在決定員工升遷之際，不要誤觸下列的「禁區」，否則人事問題會「愈理愈亂」。

- 如果不晉升他，他會離職，因而給他晉升。
- 因為他已經做了很久，也該給他升個官了。
- 被上司指責時，常會立即據理辯駁，捍衛尊嚴。
- 工作空檔時間，喜歡和同事躲在茶水間閒聊是非。

- 為了業績，會先答應客戶的要求，至於能不能實現，再看著辦。
- 對公司的不滿，會向同事抱怨，或找外人吐苦水。
- 很想知道同事的薪水和年終獎金是否比自己高，到處打聽。
- 如果沒有加班費就不願意加班。
- 透過外人關說而想取得高一級職位的人。
- 倚老賣老，不服年輕主管。
- 只做自己分內的工作，其他的一律以「這又不是我的工作」推掉。
- 說話時眼神閃爍，開會時總是喜歡躲在角落。

升遷培育計畫

俄國革命家列寧（Lenin）說：「寧可要好梨一個，不要爛梨一筐。」說明了拔擢人才要精挑細選。

總部設在奧克拉荷馬州（Oklahoma）塔爾薩市（Tulsa）的建築行業產品製造商喜利得（Hilti）公司，獲得《財富》雜誌2011年「最佳雇主25強」之一。

喜利得獲獎理由是「公司鼓勵員工參與志願者服務」，公司本身也身先士卒，樹立表率。2010年，在加拿大安大略省（Ontario）米西索加市（Mississauga）建立「仁人家園」，加拿大分公司提供了六千美元的資助和一百二十小時的人力支持。除了多行善舉，喜利得還努力讓職位升遷成為可實現的目標。

喜利得一名員工表示，從內部晉升機會這方面來說，喜利得說到做到。喜利得北美區現任首席執行官就是從初級銷售職位一步步升遷上來的。喜利得每年都會在公司文化研討會上投入約一千一百七十萬美元以及三萬二千個工作日，為培養公司內部的未來職場新星提供更多機會（〈商院關注：《財富》評出全球最佳雇主25強〉，http://edu.cn.yahoo.com/ypen/20111111/693336_2.html）。

晉商提拔掌櫃的考核方法

晉商，一個中國歷史上最著名的商幫。晉商發跡於宋代，明朝時與徽商南北並峙，至清朝晉商便獨占鰲頭，明清兩代輝煌五百年。晉商實現了「貨通天下、匯通天下」的通路。晉商不僅店鋪遍設全國通都大邑，而且經營範圍遠涉日本、西亞和俄羅斯等地，控制了史上多個行業，如鹽、鐵、茶、絲綢等，清代的票號經營更將晉商推向史上最為輝煌的頂點，在世界金融史上也占了一席之地。

山西票號經理李宏齡在《同舟忠告》中曾深有感觸地寫道：「區區商號如一葉扁舟，浮沉於驚濤駭浪之中，稍一不慎傾覆隨之……必須同心以共濟。」

晉商的用人原則是用鄉不用親、擇優保薦、破格提拔。用鄉不用親，用鄉是為了利用鄉情加強凝聚力，不用親是為了嚴格管理制度，尤其不用三爺（少爺、姑爺、舅爺）；擇優保薦，擇優就是選擇優秀的人才；保薦是實行擔保制度，所用之人必須有一定地位的人擔保，被保人的問題由保薦人負責；破格提拔，是對優秀人才打破常規，破格任用。

日本核電廠輻射外洩事故

根據日本《讀賣新聞》報導，2011年3月11日發生日本大地震後，東京電力株式會社旗下的福島第一核電廠發生輻射外洩事故，社長（總經理）清水正孝（Masataka Shimizu）自3月13日後即不見人影，29日晚上又宣稱因高血壓緊急住院，救災指揮權交給會長（董事長）勝俣恒久。

東京電力內部人士透露，清水正孝2008年當上社長一職，其被拔擢的主要原因是，他擔任資材部長時成功削減公司成本。不過，他並沒有受過因應緊急狀況的訓練，資材部又是輕鬆部門，加上他對核能缺乏專業知識，要他應付核災根本不可能。5月20日東京電力公司決定清水正孝辭去東電社長職務，任命常務董事西澤俊夫為社長。

東漢王符《潛夫論・忠貴》上說：「德不稱其任，其禍必酷；能不稱其位，其殃必大。」印證此次日本核電廠輻射外洩事故，誠如斯言，能不稱其職，其禍必大。

鼎泰豐師傅晉升制度

鼎泰豐小吃店是台灣一家以小籠包聞名的餐廳。想當鼎泰豐師傅，第一關要面試，要挑身高、體重。身高要在155～175公分間，包包子看起來沒用多少力氣，但其實非常容易受傷，檯是固定的，體重與身高過與不及都可能影響到手勢與受傷的機率。

鼎泰豐點心師傅有嚴格的分級制，從學員、點心學員、小組長、五級師傅、四級、三級、二級、一級，最高是點心總監。每半年考試一次，關係到個人升遷，就好像聯考一樣，很多人會利用休息時間拚命練習，還有師傅會帶一小塊麵糰回家繼續練習。

從最基層想升到一級，一、二十年的時間跑不掉，資質聰明的人會跳級，但也有退級的。考試內容包括：下劑子、擀皮、挖餡、包摺子、蒸包。店面師傅要考包大包（甜、鹹包子）與小包（小籠包）；中央廚房師傅要考包餃子與燒賣（陳靜宜，2009/03/04，A3版）。

結語

員工往往因表現傑出而被提升，卻未考慮其能否勝任新的工作，特別是「管人」的工作。所以，日本電通廣告公司每一年辦理職位晉升，凡職務晉升的人，要爬上富士山，到富士山上的郵局將廣告信函寄給客戶，慰問其夏天的暑氣，這種措施是一種鼓勵，也是一種鍛鍊，彷彿在告訴這些職位晉升的人，晉升即等於爬一次富士山，必須歷經辛苦才能達成。

未雨綢繆話接班人選

況我家雖有預備，積儲幾倉，亦當未雨綢繆，要防自己饑饉。

——《隋唐演義·第五十二回》

漢朝開國皇帝劉邦登上皇帝寶座以後，一大批有功之臣，幾年之內，都被以「叛變」之名，逐一遭到殺滅。西元196年，劉邦為了平定淮南王英布的叛亂，御駕親征，在勝利班師途中，回到了離別多年的故鄉江蘇沛縣，置酒於沛宮，邀請鄉人共飲，吟出了千年一歌：「大風起兮雲飛揚，威加海內兮歸故鄉，安得猛士兮守四方！」（譯文：吹起大風，狂驟至！烏雲密布而飛揚！我叱吒風雲，威震河內，終能使它平靜下來！但鎮守四方保有天下，得以久享太平的猛士啊！可在何方？）前面兩句的氣象，儼然是一股掃清宇內的氣勢，但到了最後一句，聽起來卻頗為滄涼！接班人在哪裡？劉邦懺悔的矛盾與掙扎應可體會。

企業接班人計畫

企業接班人計畫（succession planning）又稱管理繼承人計畫。按字面上來看，無疑是在一般工作職缺，或高階職位上尋找一位適合頂替的人選。選擇接班人是最困難的，因為這個決定猶如一場賭局。

接班人計畫不僅僅是要找一位合適的接班人，還包括要找到一位能夠與接班人配合默契的管理團隊，它攸關企業的永續經營。建立接班人計畫，經常是企業不願意面對的事實，過程中除建立標準的遴選制度外，還要加強培訓計畫。

接班人計畫，有賴於領導階層平時且全面性的規劃，以確保組織的管理職位能由高績效和意願承諾的個體來接任，這些挑戰包括找出並提供接班者必要的協助，以發展未來管理所需的多種專業能力，唯有如此，才能讓企業保持持續發展的動力，永保基業常青。

建立人才庫

多年前，麥肯錫管理顧問公司出版的《人才爭奪戰》（*The War for Talent*）一書就指出，全球企業在未來二十年內將面臨菁英人才短缺的嚴苛問題，為了找到最優秀且對的人才，企業間勢必要掀起一場「搶人」與「留住人才」的殊死戰。為了打贏這場人才爭奪戰，企業必須訂定一套發掘、考核與培訓的人才管理制度。

對於企業發展來講，百年大計，人才為先。接班人計畫就是透過建立系統化、規範化的流程，來評估、培訓和發展組織內部有潛力的人選，建立人才庫（talent pool）。例如杜邦（DuPont）公司在每年初，各個部門的主管都會與員工討論「職業生涯發展計畫」（Career Development Program, CDP），確定員工短期、長期的生涯規劃，把員工的優點找出來，作為教育訓練、工作升遷的參考。且不論是工廠或事業部，每一個主管職位都要排列出最佳的接班人選，有二至三年內就可以接班的適合人員，也有五年內的人選，這些接班人選，都清楚地記錄在機密人事文件中（蔡憲宗，2005/02：16）。

接班人計畫的策略

正確的接班人培育，應該是先有策略，根據策略來設計組織架構，再選定接班人。但一般的企業都是依照慣性，也就是以現有的組織架構來選擇接班人，造成很多接班人無法勝任策略展開後的變革管理。

喬治・巴頓二世（George S. Patton, Jr.）是坦克戰爭的先鋒，而且是第二次世界大戰中最知名且最有效率的美國將軍。他曾說：「可預計我們之中的某些人可能會陣亡，但是，並不是希望因為損失了哪個人而使得殺敵的工作停頓下來。因此，總是應該培養一個到時候能夠接替職務的備用人選。測試你能力的辦法就在於你的陣亡會不會造成損失。」（Alan Axelrod著，李懷德譯，2001：177）

接班人的遴選

《哈佛商業評論》曾經指出，執行長的首要任務，應該是擔任「人資長」，為公司挖掘最好的人才，如此一來，才能在人才爭奪戰中勝出。例如，前美國奇異電器公司（GE）總裁傑克・威爾許表示，他花了六年尋找接班人，最後在當時的十三位高階經理角逐下，欽定傑夫・伊梅爾特（Jeffrey R. Immelt）為最佳人選。伊梅爾特在2001年9月起擔任奇異公司第九任董事長，因為他除專業素質外，擁有更高的熱情，熱情是一種不完成任務不罷休的態度。

台灣佛光山創辦人星雲大師說：「當五祖弘忍想將大法衣缽傳給弟子們繼承的時候，先告訴弟子們每人各做一首偈子，然後從偈子中所呈現的境界來判別對方是否見道，見道的人就可以得到衣缽，成為六祖。其中最受大眾推崇的上座弟子神秀，作了一首偈子說：『身是菩提樹，心如明鏡台；時時勤拂拭，勿使惹塵埃。』大眾看了都讚歎神秀境界很高，但五祖卻只說：『作得不錯，但是尚未見道。』這時在舂米房工作，不識字的惠能，在半夜裡也請人代筆在牆上寫了這句偈語：『菩提本無樹，明鏡亦非台；本來無一物，何處惹塵埃？』五祖見了，認為他才是見到諸法空性，悟入佛道的人，因為世間沒有一樣東西是實用的，身體是地（骨骼）、水（血）、火（體溫）、風（呼吸）四大假合，四大一旦分散，身體就敗壞了，不存在了，何處覓蹤跡呢？因此，五祖就把大法衣缽傳給了他，成為禪宗的六祖大師。

培養接班人的成功典範

企業必須有計畫地培養接班人，一旦有突發狀況，就能立刻指定合適的接班人，使計畫不致中斷，這就是所謂的「接班人計畫」。傑克・威爾許曾說：「2000年夏天的某天早上，正當伊梅爾特準備接掌奇異公司執行長之際，家電事業部的執行長雷利・詹斯頓到總公司來告訴我們，他即將出任西岸大型食品與藥品連鎖店艾爾伯森（Albertsons）執行長。詹斯頓是奇異的強棒，表現優異，在公司裡面是個響噹噹的人物。雖然他另謀高就的消息突如其來，我們還是迅速採取行動。那天下午四點鐘，我們發布命令，請家電業務單位的銷售經理吉姆・康伯爾（Jim Campbell）接替他的位置。

艾爾伯森公司找到了一位出色的執行長，我們也沒有自亂陣腳。」這就說明了接班人的培育名單，不應該是「單一人選」的培育，而是要「多人一起培育」政策，其人才「投注」才不會過於冒險（〈只花半天　就找定接班人選〉，http://www.businessweekly.com.tw/article.php?id=44083）。

又如，2004年4月，美國麥當勞（McDonald）董事長兼執行長肯達路波（Jim Cantalupo）突然心臟病過世，不到幾個小時，董事會立刻任命他身前欽定的接班人，當時的營運長貝爾（Charlie Bell）遞補職缺。麥當勞管理當局的快速行動，讓員工、加盟業者、供應商、投資人等沒有感覺到公司的領導會因為這個意外中斷（胡文豐，2007/06：51-52）。

M & S公司接班人計畫

國際零售商M & S（Marks & Spencer）公司是英國最重要的衣服、食品和金融服務零售商。該公司的董事長雷納男爵（Lord Rayner）宣布退休意圖時，提名理查・葛林伯里（Richard Greenbury）為他的繼任者。

葛林伯里是個相貌軒昂的穩健人物，被視為M & S公司所造就出來的人才。該公司文化是建構在其電子訂貨與發票系統上。此一系統是英國零售業中最精巧的系統而使其得以保持先進的狀態。

葛林伯里離開學校後，在M & S公司獲得管理練習生的職務，嗣後逐漸擢升，於四十一歲時，成為有史以來最年輕的常務董事之一。在他兼任英國瓦斯公司的非執行董事九年期間，使他的經驗更為增廣。

他於1988年脫穎而出，成為最高執行主管，而於1991年4月1日接掌董事長，並仍兼最高執行主管的職位（英國雅特楊資深管理顧問師群著，陳秋芳主編，1994：159）。

IBM長板凳接班計畫

接班人計畫，是國際商業機器股份有限公司（International Business Machines Corporation, IBM）完善的員工培訓體系中的一部分，它還有一個更生動的名字：「長板凳（Bench）計畫」。這一名詞，最早起源於美國。在舉行棒球比賽時，棒球場旁邊往往放著一條長板凳，上面坐著很多替補球員。每當比賽要換人時，長板凳上的第一個人就上場，而長板凳上原來的第二個人則坐到第一個位置上去，剛剛換下來的人則坐到最後一個位置上去。這種現象與IBM的接班人計畫非常相似而得名。

IBM要求主管級以上員工將培養手下員工作為自己業績的一部分。每個主管級以上員工在上任伊始，都有一個被指派的任務：確定自己的位置在一、兩年內由誰接任；三、四年內誰來接；甚至你突然離開了，誰可以接替你，以此發掘出一批有才能的人。

IBM有意讓他們知道公司發現了他們並重視他們的價值，然後為他們提供指導和各種各樣的豐富經歷，使他們有能力承擔更高的職責。相反地，如果你培養不出你的接班人，你就一直待在這個位置上好了。因為這是一個水漲船高的過程，你手下的人好，你才會更好。

由於接班人的成長關係到自己的位置和未來，所以經理層員工會盡力培養他們的接班人，幫助同事成長。當然，這些接班人並不一定就會接某個位置，但由此形成了一個接班群，員工看到了職業前途，自然會堅定不移地向上發展（〈IBM如何打造領導力？〉，

http://tw.myblog.yahoo.com/w58go/article?mid=223&next=219&l=f&fid=18）。

接班人選的誤區

在史隆管理評論上，康格和耐德勒兩位學者分析，通常二號人物往往是因為他和執行長的特質和專長互補，例如他們可能擅長財務或者營運的能力，但對於擔任領導人所需要的大格局和判斷力，可能有所不足。

創業者把公司的經營權交給接班人，即使是「禪讓」，也將面臨一生的企業生活中最為苦澀的局面。不僅對創業者如此，對繼承者也是一樣的。繼承者自今而後，將承擔全責，須盡全力創造業績，但與往昔不同的是，沒有人會在身旁溫和地告訴他「該怎麼辦」。

在1997年，領導可口可樂長達十六年的執行長高祖塔（Roberto Goizueta）罹患肺癌過世後，連續兩任內部接班人都因為績效不佳，被迫提前下台，這就像有些人很會爬山，但是到了山頂上，卻不一定能適應山上微薄的空氣的典型例子（胡文豐，2007/06：51-52）。

最高領導人的接班難題

如果你是一家公司的最高領導者，預先安排合適的接班人，在你離職或退休後順利繼任是一件非常重要的事。

在哈洛・傑寧（Harold Geneen）退休時，當時美國國際電話電報公司（International Telephone and Telegraph Corporation, ITT）在他多年的領導下，已成為世界上數一數二的大公司。但是在他退休後兩年內，ITT的業績大跌。許多觀察家認為，過去ITT的成功大多歸功於傑寧個人的領導。

企業未能適當的安排最高領導者的繼任人選，就可能遭遇到與ITT類似的命運（英國雅特楊資深管理顧問師群著，陳秋芳主編，1989：159）。

結語

「十年樹木，百年樹人」，從長遠來看，人才是企業得以持續發展的最寶貴財富。因此，企業必須未雨綢繆，在組織內部培養後備軍，隨時準備充實關鍵職位的接班人計畫與完整的人力資源規劃。

Part 5

績效管理

千錘百鍊話績效考核

他經過人生的千錘百鍊後，處世更君圓融。

——清・趙翼《甌北詩話・卷一》

一個《蘋果日報》的員工說：「老闆黎智英要回來了，報社內部都很緊張，因為他回來搖蘋果啊！」

《蘋果日報》內部員工戲稱績效檢討為「搖蘋果」，因為績效檢討極為慘烈，只要績效不佳，就會有一堆人走人，就好比爛蘋果掉下來，而黎智英，就是在那一段時間會去用力搖蘋果樹的人，把營養不良、長得不好的蘋果搖下來，免得阻礙好蘋果的成長。

類似的情況，台積電（TSMC）內部也有每年替換5%的內規。他們的績效管理與發展制度（Performance Management and Development, PMD）每年評比之後，被列在最後一級的大約5%的人會被嚴格要求改進，結果是大多數被要求改進的人都會以離職收場，這就是台積電的內部換血制度。

如果你不想學《蘋果日報》，那麼學台積電也可以（何飛鵬，

2005/09/05：16）。

彼得・杜拉克說：「組織必須是績效導向，而不是苦勞導向。」凸顯了績效管理的重要性。

績效管理的涵義

2002年，獲頒美國第四十三任總統布希（George W. Bush）授予的「總統自由勳章」的彼得・杜拉克說，在二十世紀結束時，所有的管理理論都將重新洗牌，所有舊的理論都將不再被重視，唯一僅存的是「績效管理」。

績效管理係強調主管與員工間事先對工作目標設定的重要性，以職責為基礎，以工作表現為中心，透過主管與部屬之間經常的互動、諮商與檢討工作上的得失，使部屬知道主管要部屬做什麼？要如何做？工作標準在哪裡？依工作成果來衡量績效，並使員工不斷地經歷新的經驗、培養新的技術，在主管適時的協助下來完成工作目標，並累積工作歷練，成為企業的棟樑。

績效管理包括個別員工的績效評核，更將個別員工的績效與組織的績效結合，最終目的是讓員工的職能發揮在公司的經營目標上。因此，績效管理是提升經營績效與競爭力的重要關鍵。透過績效管理流程，主管可以瞭解部屬的工作表現，據以提供員工發展所需的輔導，共同設定及達成工作目標。

績效考核的作用

績效考核是一套衡量員工工作表現的程序，用來評估員工在特定期間內的表現，時間通常是一年或半年。在做年度績效考核的時候，員工除了需要評估自己過去十二個月（六個月）來的表現外，同時也要考慮在未來一年（六個月）中哪幾方面需要再加強或接受訓練。

每年公司辦理績效考核時，有少數的主管認為，這是公司給主管的難題，是頭痛的時間，就是吃頭痛藥「五分珠」也不能藥到病除，要一直等到績效考核期間結束後，人人無藥而癒。

美國社會心理學家道格拉斯·麥克瑞格（Douglas McGregor）指出，健全的績效考核，必須破除兩大障礙：

- 主管都不願意批評部屬，更不願意因之引起爭議、衝突。
- 主管普遍缺乏必要的溝通技巧，不能瞭解部屬的反應。

好牌與壞牌

美國前總統艾森豪曾說，有一天晚上，他們全家人在一起玩紙牌遊戲。他抱怨他老是拿到一手很壞的牌。這時候，他的母親突然停下來，告訴他說：「如果你要玩，就必須用你手中的牌玩下去，來什麼牌是什麼牌。」的確，生命的成功，不在你手中是否握有一副好牌，而是在於如何打好你手中的壞牌。

好牌，指的是優點；壞牌，指的是缺點。績效考核就是主管在某一段時間要告訴部屬，從組織的達成目標上，如何使部屬發揮其專長，在部屬負責工作上看到的優點告訴他，謝謝他的成就；同時，也告訴部屬在工作上有哪些缺點需要及時改正，以配合組織目標，能在期限內完成負責的工作。

口服心不服

如果企業不做績效考核與績效面談，主管對部屬在工作中不做回饋，則如同下列的一則笑話，讓人深思：

護士逼著住院病人吃藥，病人問護士說：「吃這顆藥是治療哪種病？」護士並不理會，告訴病人說：「我負責定時拿藥給你吃，要知道這顆藥對身體的治療功效，你去問醫生。」病人埋怨地說：「妳只叫我吃藥，卻不讓我知道病情，我『口服心不服』！」

績效考核陷阱類型

不同的主管對考核的認定標準是有差異性的。下列的幾項因素，只要主管稍微疏忽，就會導致不同的評價結果。

★月暈效果型

日本有句諺語：「愛上了，麻臉的凹，也會被看做酒窩。」以部分的印象，影響到全部，這是典型的月暈效果。在職場上，最明顯的月暈效果是「年資」（只有具備好的工作表現的資深部屬，年資才顯得重要）。

★寬容效應型

假如一位部屬各項考核項目多未達到標準，最簡單的妙方，就是把考核表上的實際評定標準從寬認定。例如：台灣早些年的大專聯考，對邊疆民族、駐外使節子女、服兵役後的後備軍人等要加分一樣。寬容性評定標準，對主管而言，就不會面對要告訴績效考核不佳部屬難以啟齒的窘境，減少與部屬爭得面紅耳赤的尷尬場面出現。但是用這種方法來面對表現不佳的部屬，相信他們仍然在工作上會我行我素，不求改進。一般為了防範寬容性的趨勢，仍有考績等級分配比例的規定來防範。

★中央取向型

它是指主管在替部屬打考核時，落點不是最佳也不是最差，都評分在中心點附近，沒有顯著的好壞之分，也就是國學大師胡適說的「差不多先生」。這句話和台灣諺語「吃不飽也餓不死」有異曲同工之意。會造成中央取向的考核方法，係基於主管未深入瞭解部屬的工作、平日未有記錄部屬工作紀錄之習慣、不關心部屬或對指導部屬的能力缺乏自信。因此，主管平日要密切地與部屬多接觸、溝通，要認真的執行對部屬的指導。

★近因效應型

資料顯示，最近一個月以內的工作表現，主管的印象最深刻。因此，聰明的部屬知道在考核辦理的前幾週都避免犯錯。在職場上會經常發現平日工作表現不積極的部屬，到了年底要考核加薪時，就好像脫胎換骨一般埋頭苦幹，如果主管「不英明」、不留意而被「某些員工」目前積極工作的假象所蒙蔽的話，就會產生不公平的評價結果。所以，主管考核部屬，要以具體的事實（目標達成率）紀錄為依據來考核。

★個人的偏見型

學生在選課時，會向前期學長請教某一科目的教授給分的寬嚴，來決定是否選這位教授的課。對一位個性溫和的員工，主管給的考核標準較嚴苛，因為他們是一群溫順的綿羊，考核結果好壞不會跟主管爭論；對年資久的部屬，為敬老尊賢，往往偏向給高分的評價；對同校同系的學弟、學妹，也往往會落入照顧他們的陷阱。為避免上述的偏見，最好的方法是主管在身邊準備一本記事簿，隨手把部屬的表現記錄下來，因為，考核如被部屬認為不公平，會造成工作懈怠、情緒低落、引起抱怨、爭執等負面的影響。

近因效應型的範例

「老李！下班了還忙些什麼？」

「你先走吧！我必須今晚趕完這份計畫書。」一向準時下班的老李，自從這個月底起，每天都是最後一位離開辦公室，桌上堆滿了公文，埋頭苦幹。

「算了吧！老李，王經理到外頭開會，不會回辦公室了。」同事們知道老李在做表面功夫，故意讓王經理看見他下班還在埋頭做事，以利在年底的績效考核上得到好印象。

「你們先走吧！我晚上要參加喜宴，時間還早，消磨時間罷了。」老李編了個理由，遣走了同事後，他心中暗喜，據他的觀察，王經理的桌子上的文件還攤開著，一定會回辦公室。

沒多久，王經理一腳剛踏進辦公室，就看到老李仍在桌子上翻閱文件，打著電腦，看起來忙碌的樣子。問道：「老李，加班呀！什麼事忙不過來嗎？」

「沒有，只是為了後天的計畫案，我再查一些資料，充實一點，以便爭取這筆大訂單？」老李心中非常高興，終於功夫沒白花。

年終考績上，王經理針對每一位員工的考核項目逐一填寫，只能憑印象，將一些如勤勉、耐勞、忠誠、努力、合作、正直、主動積極等，按評分表來打分數。老李偏高的分數，當然是反映最近幾天以來的印象。因此當年度老李的考績得了個優等。

這個範例，說明王經理在績效考核上犯了「近因效應」的偏誤，值得主管警惕。

績效考核追蹤個案

1971年英代爾公司推出全球第一顆微處理器，揭開了全球電腦產業的序幕，其創辦人之一安德魯‧葛洛夫所著《英代爾管理之道》（*High Output Management*）一書中提到，在向我報告的諸多經理中，有一位經理的部門表現十分傑出。所有用來評估產出的項目都非常令人滿意：銷售額激增、淨利提升、生產的產品運作合乎客戶要求……你幾乎只能給這個經理最高的評比。但我仍有些疑慮：他的部門的人員流動率高出以往許多，而且我不時聽到他的部屬怨聲載道。雖然還有其他諸如此類的跡象，但當那些表上的數字都閃閃發光的時候，實在很難在那些不太直接的項目上打轉。因此，這位經理當年拿到了極佳的評比。

隔年，他的部門的業績急轉直下，銷售成長停滯、淨利率衰退、產品研發進度落後，而且部門中更加地動盪不安。當我在評估他此年的績效時，我努力地想弄清楚他的部門到底出了什麼事。這個經理的績效真的這麼糟糕嗎？是不是有什麼狀況我尚未察覺？

最後我下了一個結論：事實上這個經理的績效較前一年好，即使所有的產出衡量結果看起來都糟糕得不得了，主要的問題是出在他前一年的績效並不是那麼好，他的部門的產出指標所反應的並不是當年的成果。這期間上的差異差不多正好是一年。雖然很難堪，我還是要硬著頭皮承認我前一年所給他的評比完全不對。如果當初我相信流程評估所反映的事實，我應該會給他較低的評比，而不會被那些產出數字所愚弄（Andrew S. Grove著，巫宗融譯，1997：210）。

員工績效跌　開鍘別手軟

有人問前奇異電器公司（GE）總裁傑克・威爾許：「當碰到員工的績效從傑出滑落到平庸時，你會怎麼做？我試過和這個人溝通，但六個月後績效還是沒有改善，而且他已經開始影響到團隊。是不是該叫他走路？」

威爾許的答覆是：「對曾經績效很傑出的人來說，六個月的警告期似乎嫌短，但我們還是必須回答你的問題：是。你碰到的是組織一定會面對的問題。要扭轉員工績效滑落是艱鉅的工作，何況你的狀況是傑出績效者大退步，但他們的負面能量確實會感染團隊，為組織做出不良的示範。如果你這麼做，就是對組織傳達一個重大訊息。只要談到績效，昔日的光榮固然值得緬懷，但現在的績效才最重要。當然，我們不是建議馬上開除他們，有時候高績效者也會碰到瓶頸，需要時間調整步伐，然後再出發。他們可能面對個人危機，例如生病或離婚，可能感到厭煩無聊，需要你協助找到工作中的新挑戰。」（《經濟日報》，2008/03/10，A8版）

績效調薪

一般談到績效考核就讓人聯想到加薪或發獎金，有一首膾炙人口的老歌：「想到美蘭就想到你」，同樣地，想到績效考核就想到加薪，考績與薪資掛勾是不能否認的。

盛田昭夫寫的一本《實力主義論》書中提到，一般來說，在日本家庭給小孩們的零用金，是自小學至中學，隨著年級的升高而增加係當然之事。兒童們亦認為成為國中生以後，或進入高中後，就應該多領一點零用金。這可以說，日本人從小時候領取零用錢開始，就已有了「年功序列」的觀念存在。這是和日本年功序列式的薪資制度的情形很相似，一方面看來很不合理，但是另一方面，又覺得蠻合邏輯。

然而美國的家庭則稍有不同。當小孩們進入幼稚園而開始要求零用錢的時候，父母就要令其擔任一些家事，例如：要將每晨自己要飲的牛奶放入冰箱中、到門口去取報紙等等孩子們所能做的事。而對所做的工作酌給定額的報酬。如此，給孩子們灌輸一項觀念，即：「必須依靠工作才能得到錢。」（盛田昭夫著，吳守璞譯，1973：6）

這種美式家庭教育結果，導致在管理上重視成果導向，工作人員就會認真的考慮如何發揮自己的專長，而不像日式管理上重視年資晉升，培養忠誠度的員工長期留下來替企業奉獻。

結語

為了使員工的績效能夠提升，對於那些表現佳的員工，應給予鼓勵與獎勵，使他們能維持或再提升績效表現。至於那些工作表現待改善的員工，則需視情況加以訓練來提升個人技能，或是透過輔導、懲罰來提升個人的工作意願，也就是要對症下藥，以提高公司整體績效才能發揮績效考核的功效。

再接再厲話目標管理

一噴一醒然，再接再厲乃。

——唐・韓愈〈鬥雞聯句〉

蜀之鄙有二僧，其一貧，其一富。貧者語富者曰：「吾欲之南海，何如？」富者曰：「子何恃而往？」曰：「吾一瓶一缽足矣。」富者曰：「吾數年來欲買舟而下，猶未能也。子何恃而往？」

越明年，貧者自南海還，以告富者，富者有慚色。

德州儀器公司（Texas Instruments, TI）前總裁休斯（Charles Hughes）說：「只有在建立目標之後，我們才會知道自己做的是不是蠢事。」

目標管理的起源

目標管理（Management by Objective, MBO），現已蔚為普世認同的有效管理體制，為企業提升執行力與競爭力的重要利器。公司願景的釐定，乃是期使全體員工對於企業未來的發展有共同的想法。但願景因係未來的規劃，是一個藍圖而已，比較含糊，所以必須要訂定目標來逐步達成。

彼得・杜拉克這位當代最經久不衰的管理大師，於1954年即提出「目標管理」的觀念，也影響日後企業採用「目標管理」作為員工績效評估的一種方法。提出「Y理論」的道格拉斯・麥克瑞格，在1957年又提出績效評估可作為員工諮商與員工發展之用的工具。

目標管理的基本思維模式，在於一個組織必須建立其大目標，以為該組織的方向；為達成其大目標，組織中的經理人必須分別設定其本單位的個別目標，並應與組織的方向協調一致；個別的目標實為經理人遂行其自我控制的一項衡量標尺，也就是古人所說的「滴水穿石」。每個人把自己分內的工作做好，公司整體目標就會水到渠成。

經理人基本工作

「目標管理」就是彼得・杜拉克最為世人所推崇的實務議題，他強調經理人的五大基本工作是：

第一，就是設定目標，而目標的設定必須在企業成果與個人信守原則的實現之間取得平衡。

第二，經理人必須做工作組織的安排與計畫。

第三，經理人必須做激勵與人際溝通。

第四，經理人必須做績效的評量與考核，必須和下屬、長官及同僚溝通評量的標準、方法及評量代表的意義。

第五，經理人必須做人才資源發展，包括他自己。

學者羅伯特・麥肯（Robert Mckain）說：「大多數重大目標無法達成的主因，是因為我們把大多數的時間都花在次要的事情上頭。」

目標規劃

全球個人電腦（Personal Computer, PC）領導企業的聯想集團（Lenovo Group）創始人柳傳志說：「到河對岸是我們的目標，這是人人看清的事情。難的是如何搭橋，如何造船，或者學會游泳。在根本不會游泳的情況下奮不顧身地跳入水中，除了泛起一陣泡沫帶來滑稽的悲壯以外，什麼結果也沒有。聯想還沒過河，只是已經到達河邊，正在測量水深、建造過河工具。我們具備了過河的能力。聯想運作中一直比較注重管理基礎，即建班子、訂戰略、帶隊伍。制定戰略，就是要把目標清晰化，透過科學化的步驟，藝術化的調整，明確做什麼不做什麼，分批運作。」

全球知名趨勢策略大師大前研一在其著作《想做的事就去做！》（*Don't Wait for Tomorrow*）中說出：「照章行事，本身就不是管理階層的作為。因為管理階層的工作是要思考該做些什麼，然後交待別人去做。」

實施目標管理的手法

美國蓋洛普（Gallup）透過調查研究，找到了影響員工效率的十二個因素，排在前兩名的分別是：「我知道公司對我的工作要求」和「我擁有做好我的工作所需要的資料和設備」。可見優秀員工最關心的依然是目標和目標支持手段的問題，也正是這些因素促使他們的企業獲得好的業績。

企業實施目標管理的手法有：

- 主管與部屬商訂基本職責及個人職責範疇。
- 員工依年度部門目標自行設定個人短程績效目標，並經主管審定此目標符合組織實際需要。
- 主管與部屬商訂評估績效的基準。
- 主管每月安排一次與部屬檢討目標執行的進度，並適當修正或增列工作目標。
- 主管以監督的立場隨時協助或教導部屬達成既定目標。
- 在評估績效時，主管以輔助而非批判的角色來檢討部屬工作績效。
- 評定成效時應注意成果而非個人特質。
- 終極的目標必須和其他目標相調和。（徐銘宗，1999/03/20：119-120）

清晰的目標能夠激勵員工努力找尋實現目標的路徑，能夠激發個人的恆心和毅力。

關鍵績效指標

關鍵績效指標（Key Performance Indicator, KPI）是管理中「計畫—執行—評價」中「評價」不可分割的一部分，反映個體與組織關鍵業績貢獻的評價依據與指標。

關鍵績效指標是一種工具，不是目標，但是能夠藉此確定目標或行為標準。鑰匙（key）是用來開門，而且要開對門。關鍵績效指標是一種量化指標，可反映出組織的關鍵成功因素。因此，關鍵績效指標的選擇會隨著組織的型態而有所不同，但無論組織選擇何種指標作為關鍵績效指標，該指標都必須能與組織目標相結合，並且能夠被量化衡量。

明確的目標可以一路發展出關鍵績效指標，最終再經由回饋與檢討，不斷地循環以達到績效評核的目的。因此，關鍵績效指標就是用來衡量企業的競爭策略是否有確實達成，以績效管理的方法，進而促進企業全方位願景的實踐。

關鍵績效指標設定原則

關鍵績效指標的設定，可利用「SMART」的原則，即以「明確的」（Specific）、「可衡量的」（Measurable）、「可達成的」（Achievable）、「以結果為導向的」（Result-Oriented）、「有期限的」（Time Bound）方式來訂定。

- **明確的**：它指績效考核要切中特定的工作指標，具體不能籠統。例如「提高客戶滿意度」（簡單、不複雜、有意義）。
- **可衡量的**：它指績效指標是數量化或者行為化的，驗證這些績效指標的資料或者資訊是可以獲得的。例如「顧客滿意度由90%提高到95%」（可以被量化、資料是可提供的）。
- **可達成的**：它指績效指標在付出努力的情況下可以實現，避免設立過高或過低的目標（雖然極具挑戰性，但是透過努力能夠完成）。
- **以結果為導向的**：它指績效指標是實實在在的，可以證明和觀察，盡可能體現其客觀要求與其他任務的關連性（可實現、合理的、恰當的）。
- **有期限的**：它注重完成績效指標的特定期限（如每月或每季）。

制度推行成功的要訣

目標管理不是一種行為的衡量，而是一種員工對組織成功貢獻度的衡量。所以，目標管理制度推行成功的要訣有：

- 應由組織的高階管理者為起點，積極參與，持之有恆，俾確立整個組織對目標管理的信心。
- 制度建立伊始，應有周詳的計畫；並應特別重視對各級單位主管有關目標管理的基礎教育和訓練。
- 應准許從容確立目標管理制度的基礎。須知積習難除，過去的觀念絕非一朝一夕所能改變。
- 目標的設定應屬可以衡量；將來執行時的成果，必須為人人皆能具體認定。
- 目標管理制度應與現行的資訊系統及控制制度相結合。
- 對於良好績效，應有獎勵。獎勵應與成果關連。
- 在目標管理制度推行期間，應鼓勵組織上下各級管理階層均能夠熱心討論。
- 應有定期的檢討並建立資訊的回饋制度。

惠普的企業目標

根據惠普（Hewlett-Packard, HP）創辦人之一的大衛・普克（David Packard）所著《惠普風範》（*The HP Way*）一書中，提出了惠普目標有：

- **利潤**（profit）：體認利潤是我們對社會貢獻最佳的單一衡量標準，並且是我們企業力量的根本來源。我們應該與其他目標配合一致，致力追求最大可能之利潤。

- **顧客**（customers）：對提供顧客的產品與服務，鍥而不捨地改進它們的品質、用途和價值。
- **專業領域**（field interest）：集中力量，在能力所及範圍內，持續不斷為成長找尋新契機，並能對該領域有所貢獻。
- **成長**（growth）：強調成長是實力的衡量標準，並為生存需要之要件。
- **員工**（employees）：提供員工各種機會，其中包括分享因員工貢獻而達成的成果。依據工作表現，提供員工工作保障，並由工作成就感，提供員工滿足自我的機會。
- **組織**（organization）：維持助長員工自立、自發及創意的組織環境，並在達成既定工作目標上，擴大員工自主性。
- **社會公民**（citizenship）：善盡社會優良公民之職責。對執業所在地的民間團體和社會機構有所貢獻，回饋他們塑造的環境。（David Packard著，黃明明譯，1995：89-90）

季目標管理案例

《反敗為勝：汽車巨人艾科卡自傳》（*Iacocca: An Autobiography*）的作者艾科卡提到，他設計了一套管理制度，每隔三個月他會提出一些問題來問他的幹部，要求他們也以相同的問題來問他們的部屬，一直推展下去，到最基層為止，這些問題主要包括有：你的未來九十天有什麼目標？你的計畫是什麼？你的希望是什麼？你準備怎麼做來完成目標？你的順序怎麼安排？

每隔三個月，管理人員和他的上司坐在會議桌旁，檢討過去一季來的成果，並擬定下季的目標，大家討論同意這個新目標後，就記錄下來並簽名表示負責。

這個檢討方式很簡單但效果不小，它能使每個人對自己負責，訂下個人目標；其次，使每個人自我激勵，提高產量；第三，它使上下溝通意見能轉達。季檢討制使每個人思考他做了什麼？他將來應該做什麼？如何做？這是最好的管理方式。這個檢討制度還有一個好處，就是即使在一家很大的公司，優秀的人才也能出頭，因為每個人都會受到他上司和間接上司的審核，因此人才不會被埋沒，而想混的人也混不下去。

但他個人覺得這制度最珍貴的一點是：會議是溝通每個人和上司的定期討論，並決定未來共同努力的方向，這是無法避免的會談，久而久之，雙方會越來越瞭解，也可以改變雙方的關係。如果沒有這個制度，當員工表現不佳時，他可能會討厭老闆，並認為是老闆故意排擠他，這種用人不當的例子，往往發現時已無法補救了（Lee Iacocca著，賈堅一、張國蓉譯，1993：76-78）。

統一企業目標管理

統一公司的生產、業務部門，在每年的10月底，都會訂定次年的經營目標與預算，包括每個月、每季預計做多少生意，賺多少錢，這些目標，皆一一透過具體的數字，白紙黑字的標示在各項計畫中。

統一公司的業務協調會，在每月第三週的星期一舉行。出席者悉為經理級以上的幹部，由總經理主持。會中，相關主管除須詳細報告各部門每月、每季的業績、營業額與盈餘外，並須與原先規劃的預算目標進行評比，結果無論是超前或落後，均須說明原委，檢討差異。

此外，還應與去年同期，以及全年比較，以期從市場整體面來檢視問題，達到截長補短的目的（高清愿，2001/06：4）。

結語

績效與目標是一體之兩面。計畫執行前必須確定目標，執行時則測量執行的成果，而將績效評量的結果作為檢討及改善的依據。任何企業的經營都必須朝著設定的目標推行，在訂定目標時，以具體的、可衡量的、可達到的、重要的和可追蹤的為其必要的條件。

精益求精話績效面談

言治骨角者，既切之而復磋之；治玉石者，既琢之而復磨之，治之已精，而益求其精也。 ——宋・朱熹

前美國聯邦政府準備金理事會主席伏克爾來訪，在離開台灣前，曾拜訪台塑集團前董事長王永慶，雙方在論及中美貿易爭執問題時，王永慶幽默的敘述一則小故事，要美方不要操之過及，一步一步讓台灣的商人適應美國之貿易法規。故事是這樣說的：

有一位兒子犯了滔天大罪，被判處死刑。在臨刑前，要求見他母親一面。母子見面後，兒子要求母親給他吮吸一口奶水。母親答應兒子的要求，結果兒子卻猛咬傷了母親的奶頭，然後很生氣的對著母親說：「阿母！妳從小把我拉拔養大，在我每次犯錯時，為什麼不管教我？害我一錯再錯而變成死刑犯。」

上述這個故事給了我們一個啟示，績效面談就是主管與部屬之間共同針對績效評估結果所做的檢視與討論，如果不這樣做，兩敗俱傷。

績效面談的作用

績效面談，乃是在員工實際績效被評定出來之後，考核的主管與受考核的員工間，必須針對考核結果相互討論，以取得共識的動作。

績效面談的作用有：

★組織方面

- 降低員工流動率。
- 找出員工的長處及短處。
- 提出人力規劃的參考資料。
- 改善公司內的溝通情形。

★管理方面

- 使目前的績效有所提升，考評員工發展情形，瞭解哪位員工有晉升的潛力。
- 訂定績效考評的目標。
- 發現被面談人的企圖心。
- 做人事管理各功能（調薪、獎金、升遷、降級等）的參考資料。

★個人方面

- 確認工作是否圓滿達成。
- 檢討工作績效。
- 討論被考評人的缺點並看看該如何改進。
- 爭取培訓的機會。
- 勾勒出個人職涯前程規劃。

英代爾公司創辦人之一安德魯・葛洛夫說：「打考績不像打啞謎。績效面談是幫助部屬變好一點，不是感覺好一點。」

績效面談的規則

績效面談是一種溝通的工具，成功的績效面談要具備有完整性的面談流程，其遊戲規則要遵循下列的原則：

- 決定面談計畫前，主管除了要取得部屬個人工作績效表現的一切資訊外，事先也要向面談對象發通知，說明談話的時間、地點及談話目的，以避免部屬對面談的動作有不正確的猜疑。
- 主持者講話要簡明、扼要，儘量讓對方多說話。
- 在績效面談開始之前，應該先請員工描述出他自己工作表現的評價；對於可能產生的爭執，主管心裡應該有所準備。
- 面談進行時，應停止接聽電話或接辦其他業務。
- 務必營造一個正面和諧、輕鬆的談話氣氛，不使對方感到拘束。
- 使來接受面談的人感到這次談話對他是有利的。
- 對部屬在考核期間的優良表現，主管應該主動地加以讚許。
- 以讚揚長處開始談話，每一個人都有自尊、自負的心理，所以，即使是做批評，也要肯定優點來保持平衡。千萬不要對部屬的缺點做語言上的人身批評，否則，批評將有可能會被接受面談的人認為不公平而遭拒絕。
- 使接受面談者瞭解有關工作中存在的問題與改進建議。
- 以積極、正面、愉快的語調結束談話，說明對將來工作的期望，員工可期望的培訓及其他幫助。

- 如果有需要的話，不妨與部屬安排第二次面談，以討論加薪、升遷、教育訓練等問題。千萬不要想在一次面談中解決所有問題。
- 當部屬對績效結果有著不同之意見時，鼓勵部屬提出看法。若無法當場解決時，將此一問題記錄下來，作為日後觀察的重點，並安排下次面談時間再檢討。（林鉦錂，1998/05/11）

績效面談的金科玉律

「工欲善其事，必先利其器。」一次成功地讓主管與部屬都滿意的面談，是有一些技巧要講究的，才不致於馬失前蹄，功虧一簣。

主管執行績效面談時，應注意事項有：

- 訂定績效評核的期限。
- 提供明確的回饋。
- 對事不對人。
- 化批評為明確的目標指引。
- 做一位主動的傾聽者。
- 鼓勵員工開口說出真心話。
- 有開放的心胸，無先入為主之見。
- 以三明治的技巧，先談優點再談改進，再以積極的正面回應做結論。
- 避免被過去的考績結果影響。
- 集中在績效而不在於改變個人性格。
- 績效評估與薪資調整分開談。

- 幫助員工解決外在環境可能阻礙工作成效的因素。
- 約定事項要追根究柢。
- 給一些建設性的忠告。
- 獲得部屬願意改變的承諾。

糾正部屬的目的是「指正」而非「責罵」，是在部屬的「行為」上，而不是指出他有哪些「特性」（如人格、特性等），因為績效面談是在幫助部屬解決工作上的難題，而不是在批評部屬，才不會誤導指導部屬的方向。

績效面談步驟

循序漸進，才能讓部屬在接受績效面談時，能按部就班的接受這次面談的重點與工作要改善之處。

★步驟1：開場白

績效面談一開始，即先點出面談將如何進行，並強調這是雙方坦誠「對事不對人」的溝通。例如強調「業績低落」，而不是「你推銷得不夠多」。

★步驟2：部屬先發言

為確保績效面談為雙方互動的良性過程，可請部屬先提出其自我評量，讓部屬先行評估自我的舉動，可減低部屬的防衛心理，也使主管能修正自己對部屬的偏見，主管再根據部屬自我評估表現優良、欠佳的工作做深入的探討與因應，這時，部屬比較樂意聽進去主管的「評言」。主管要多看看部屬的優點，著眼於現在與未來之發展。

★步驟3：適時反應

逐項討論，逐項溝通，不可將各項問題以「趕集式」的一筆帶過，而是要傾聽部屬的自我評量，然後主管接著先肯定部屬在自我評估中所認同的長處與優點，並能舉出一、兩個實例來讚賞部屬的貢獻，對需要改善的缺點，也要舉出實例來加以佐證，並詢問部屬可否有解決的腹案。

★步驟4：行動計畫

當雙方進行上述問題的溝通與陳述後，就要摘錄總結，提出具體行動計畫，這份行動計畫的訂定，最好選擇重點目標項目。績效一定要能量化，而且有明確的時間表，以便定期報告成效並進行評核。

★步驟5：結束面談

完成改善工作行動計畫後，一定要再做重點結論的陳述，並再肯定部屬的成就，不要再回過頭來又翻舊帳。

沒有事後的追蹤，面談的成效會大打折扣，下次面談就會流於形式。改善計畫要具體、實際，並定期追蹤改善，「預防」勝於「治療」。

漢堡原理（Hamburger Approach）

美國第十六任總統亞伯拉罕・林肯（Abraham Lincoln）曾寫一封措辭很尖銳的信給約瑟夫・胡克（Joseph Hooker）將軍，信上說：

我任命你為波多馬克軍（Army of the Potomac）的將軍，當然自有充分的理由，然而現在，我必須讓你知道，在某些方面你的表現我覺得並不十分滿意。你對自己有信心，是很有價值的人品，而且你雄心勃勃，關於這一點，在一定範圍，我認為好處多過壞處，但是……也是不應該的。

從摘譯的這一小段文章，就可看出林肯對胡克將軍其實已忍無可忍，但還是保持風度，以他總統之尊，既可任命他，大可免他職或調他職，那他還要低聲下氣不斷用先肯定的「YES」（是），最後才「BUT」（但是）呢？（李美惠，2006/09/17：10）

下列是一則運用漢堡（三明治）原理的技巧，先談優點再談改進，再以積極的正面回應做結論的範例。

★第一步：先表揚特定的成就，給予真心的鼓勵

小王，上一績效週期內，你在培訓計畫編制、培訓工作組織、培訓檔案管理……做得不錯，不但按照考核標準完成了工作，而且還做了不少創新，比如在某項工作中提出了某些建議，這些建議對我們公司的培訓管理起到了很大的幫助作用，值得提倡……。前面我們談的是你工作中表現好的方面，這些成績要繼續發揚。

★第二步：然後提出需要改進的「特定」的行為表現

另外，我在你的考核中也發現了一些需要改進的地方，比如培訓效果評估，這個工作一直是我們公司的難點，以前做得不好，在你的工作上也存在這個問題，比如很多培訓沒有做效果評估，有的培訓做了評估，但都停留在表面，這樣就容易使培訓流於形式，不利於員工素質的提升，我想聽聽你對這個問題的看法。

★第三步：最後以肯定和支持結束

「我是這麼想的，培訓效果評估……。」、「嗯，不錯，我同意你對這個問題的想法，那麼我們把它列入你的改進計畫，好嗎？」（趙日磊，2008/03上半月：54）

對主管而言，在準備與部屬做面對面績效面談時，態度要公正、誠實，要從工作績效來衡量，不要帶有成見或先入為主的看法，更要傾聽部屬的心聲。成功的績效面談，會鼓舞員工的工作士氣，會凝聚員工的向心力；失敗的績效面談，會打擊員工的工作熱忱，會讓員工士氣消沉。

主管要有勇氣告訴下屬弱點

考績制度是為了達到激勵與塑造所產生的制度。不成功的原因是常將重點放在「考績」上，而忽略了「塑造」。

最近台積電（TSMC）內部也開始考評年度考績。我（按：張忠謀）聽到十幾位員工對於考績制度的意見錄音，很多人都說主管打考績不公平或很主觀，但卻沒想到考績有「塑造我」的功能。考績制度的重點在於「培育塑造」，而不是僅看過往的表現。

在進行考績作業時，很少主管願意將下屬的弱點坦白告之，其實如何告訴下屬他的弱點，對於主管來說也是一種訓練，特別是被選為繼承人選的屬下，更要仔細觀察他的弱點，主管必須有誠意且提供屬下的建言要有建設性。

當然，下屬對主管的檢討也容易引起反感而難以接受。很多主管怕下屬產生反感，檢討考績時，就以「你很好」、「我很好」的帶過，這樣的公司不會進步。若你告知屬下弱點，且其中10%或20%能夠改進，就很值得了。

考績制度有一個很好的副產品，就是在確認表現最好的前10%或與最壞的5%員工的過程中，可同時達到激勵效果與溝通效果。對於考績落至最後5%的員工，要與他們合理的說明，最後的5%不能永遠在最後5%，如果每年一樣的話，表示主管有問題。

在溝通效果上，考績的結果應該讓同級或是更高主管知道，這樣就可擬具一些調動人力的資料庫，例如資遣名單（隨時準備，備而不用），或是升遷名單。其中升遷名單對於最好的10%應該再進一步進行排名（rank order），使升遷名單更為清楚（商周編輯顧問編著，2001：130-133）。

結語

全世界最暢銷的書《聖經》裡有這麼一段話：「你希望別人怎麼待你，你也要怎麼待人。」在績效面談時，主管要用這種心態來跟部屬溝通。同時，績效考核面談的時間不要拖延，拖延就表示主管對績效考核的不重視和漫不經心。如果把考核放在其他事情之後再來處理，就等於認為部屬的績效考核的回饋，不如其他事情來得重要。

Part 6

貢獻回饋

錙銖必較話人事成本

就是族中支派，不論親疏，但與他財利交關，錙銖必較，一些面情也沒有的。 ——《二刻拍案驚奇・卷三十一》

蜀國丞相諸葛亮晚年時，在〈自表後主〉中寫道：「臣初奉先帝，資仰於官，不自治生。今成都有桑八百株，薄田十五頃，子弟衣食，自有餘饒。」在給友人李嚴的信中，他還提到：「吾受賜八十萬斛，今蓄財無餘，妾無副服。」

一代名相的老婆連件像樣的換洗衣服都沒有，這不知要讓多少官員為之汗顏！不僅如此，諸葛亮還對他的「身後清廉」作出保證：「若臣死之日，不使內有餘帛，外有贏財，以負陛下。」

明朝著名大臣海瑞去世後，御史王用汲開出海瑞的遺產清單有：「俸銀十餘兩，綢緞兩匹、麻布一匹。」更讓人唏噓的是，臨死這天，海瑞竟然還很精明地算出兵部給他多發了六錢銀子的柴火錢，吩咐他的老僕一定要送回去（丁銳，2010/07/28，45版）。

成本概念

學者湯姆・彼得斯（Tom Peters）說，成本、成本、成本，服務、服務、服務，人、人、人。企業管理最重要的就是這三樣東西，這個道理連三歲小孩都知道。「看不見」而且「不是自己掏腰包」支出的錢財之中，特別重要的該是「人力」。

薪資為員工工作報酬之所得，為其生活費用之主要來源，從上班第一天起到退出職場工作，薪資始終是工作者追求的重點之一；另一方面，薪資為企業的用人成本，人事成本關係著企業的收益，甚至影響投資意願。所以，無論以員工的所得或企業費用支出的觀點，薪資管理就顯得非常重要。

鮑伯・費佛（Bob Fifer）在《倍增利潤》（*Double Your Profit*）書上說，我在商學院上第一堂課之前，老師交給我們一個案例去閱讀及分析。有一位衛浴設備的製造商，他有三種不同的產品，要我們決定每一種的定價。老師發給我們十幾頁的成本資料，然後我們就徹夜不眠地運用各種不同的分配法，設法為每一種產品找出最合適的價格。

第二天早晨八點三十分，教授走進來，要求大家按順序提出我們的定價方式。全班於是陷入一場辯論，探討哪一個成本分配法最公平的訂出「真正」價格的方法。教授則在一旁安靜地聽著。

下課時間快到了，教授清清喉嚨說話了：「你們都錯了。你在定價的時候，絕對不能看成本，而是要看市場的忍受度。」說完這句話之後，他便離開教室（Bob Fifer著，江麗美譯，1998：245-246）。

人力成本分析

人力資源是第一資源，人才浪費是最大的浪費。人力成本包括現場維護、訓練教育、人員流失、招聘成本等。

人力成本分析可分為顯性成本（人力資源獲取中的招聘費用、錄用費用、安置費用、開發成本、使用成本、離職補償成本等）和隱性成本（人力資源獲取中招聘成本中的錯誤甄選人員造成的低效率成本、錄用不合格的人員離職造成的補充成本、人員離職前的低效率成本、離職後的崗位空缺成本等）。

★取得成本

它包括有：原始成本（用人單位獲得人力資源的「購入」成本，例如當事人承擔就學或其他訓練的成本如學位、執照取得等）、招募成本（用人單位確定人力資源來源的費用，例如廣告費、差旅費、獵人頭費等）、選拔成本（用人單位對求職者做出鑑別選擇的費用，例如人事測評、面試時間等）、錄用成本（用人單位決定錄用所發生的費用，例如搬遷費、差旅補助費、體檢費等）、安置成本（各種安置行政管理費用、制服費、辦公設備的添購等）。

★開發成本

它包括有：上崗前教育成本（用人單位對上崗前的員工職前訓練發生的費用）、崗位培訓成本（用人單位為使員工達到崗位要求而對其進行培訓所發生的費用，例如在職訓練、工作教導等）、脫產培訓成本（用人單位根據生產和工作需要，允許員工脫離工作崗位接受短期培訓而發生的成本，例如學費、差旅費、離崗損失費等）。

★使用成本

它包括有：維持成本（保持人力資源維持其勞動生產力和再生產所需的費用，例如工資、津貼、獎金等）、獎勵成本（一種激勵員工的生產積極性而發生的費用，例如超產獎勵、提案獎勵、非財物的取得等）、社會保險成本（用人單位依照相關法規規定，依法替員工加入的保險，例如勞工保險、健康保險、職業災害保險、積欠工資墊償、勞工退休金等）、福利成本（為提高員工的勞動生產力以及保持用人單位在員工心目中的良好形象，例如職工福利金提撥、娛樂、文康活動費用等）。

★離職成本

它包括有：離職補償成本（依據《勞動基準法》及《勞工退休金條例》規定終止勞動契約時，應給付資遣費）、離職前的低效率成本（員工即將離開用人單位而造成的工作或生產的低效率損失的費用，例如漫不經心的工作態度）、空職成本（員工離職後職位空缺的損失費用，例如找人頂替加班、做事不熟練的浪費工時等）。

人力浪費的原因

有效的成本控制管理是每家企業都必須重視的問題，抓住它就可以帶動全局，增加利潤。

造成人力浪費有下列主要原因：

- 職責不明確，分工過細，導致人力成本嚴重浪費。
- 流程缺乏分級管理，導致人力成本隱性浪費。
- 缺乏量化的績效管理，人員潛力難以最大化。
- 工作分配不當問題導致的人力浪費。

- 人才培養出問題導致人力浪費。
- 人力的閒置性浪費，未能即時處理冗員適職問題。
- 對新進（調入）人員未予充分之訓練與指導。
- 缺乏適當之工具與裝備，導致員工不能有效工作。
- 管理不善，產生工作上之鬆弛現象。
- 管理者未能鼓勵員工提供建議，以提高工作之效率。
- 未能慎選新進人員，管理者未能於試用期間予以解僱。
- 許多資料重複蒐集，形成資源重疊人力浪費的現象。

如何有效控制人事成本

在一家真正經營得好的企業，薪資的設計需要一種平衡感。對公司利潤有直接影響的族群或某階層的員工，平均薪資應該要比其他公司類似地位的人高出許多。你必須不計代價留住這些員工和他們的工作熱誠。對其餘的員工，你還是必須比其他公司大方，但是不用「太離譜」。對任何階層或任何群體的員工，都必須根據他們各別的表現和對利潤的貢獻，在薪資上有明顯的不同（Bob Fifer著，江麗美譯，1998：140）。

至於有效控制人事成本的方法有：

- 員額的合理化（定期人力盤點），是控制人事成本最有效又能立竿見影的方法。
- 調薪是企業對有貢獻且具有發展潛力員工的酬勞給付。
- 組織扁平化，減少中階主管，擴大主管的管控幅度。
- 進行組織診斷，改善工作流程，消除不必要的流程。
- 定期評估各部門之工作量及用人標準，重新分配人力資源，推行工作擴大化與豐富化，以精簡人力。

- 貫徹目標管理及績效考核制度，淘汰不適任員工。
- 訓練及發展計畫的推行，可加速新進與在職員工進入「戰鬥」位置。
- 福利並非一種天賦的權利，它們不是永遠固定的，必須隨時評估、再評估的問題。

經營上最要緊的是決算表的數字。即使建立「多好」的工作環境，多「和諧」的組織，倘若無法產生利潤，也就毫無價值可言了。所以，如果薪資不能反應員工的表現，那麼整個制度、整個文化，到最後的整體利潤都會下滑。

總是大排長龍的祕密

台灣第一家日式料理吃到飽的上閤屋餐飲集團董事長蔣正男，曾在雲林縣北港媽祖廟口跟著路邊攤的女師傅學日本料理，因為菜色實惠，經常高朋滿座。有一天，蔣正男忍不住發出抱怨：「為什麼不調高價錢，這麼忙，到底有沒有利潤。」只見師傅臉色一沉，手指著垃圾桶的醬油瓶說：「醬油瓶回收可以退一元，這就是我們的利潤。」他又刮下鍋邊的米粒累積起來，三兩下捲成一條壽司，然後反問蔣正男：「這樣，為什麼要漲價？」

幾個動作讓蔣正男恍然大悟，應該透過管理而非輕易漲價來增加利潤，假如把不當開支轉嫁給客戶，只會扼殺生存空間。

諾基亞的人事支出政策

人力資源管理活動，包括人才招募、訓練發展與報酬給付等支援公司與事業流程（例如程式設計師的招募）及整個價值鏈（例如報酬制度中的股票選擇權與薪資）。負責諾基亞全球人力資源管理的資深副總經理默克（Hallstein Mork）表示：「根據我們的薪資政策，必須依循當地市場，不高於也不能低於當地水準。整個趨勢是朝向著以績效為衡量標準，很顯然地，大多數公司都從固定的薪資與報酬給付轉向變動的薪資與報酬給付，以確保員工能真正為公司創造更高價值。」

諾基亞的人力資源政策，在吸引與留住最佳人才上扮演非常重要的角色。員工的薪資高於產業平均水準，如果公司的年獲利成長超過35%，所有員工都可獲得年薪的5%作為紅利。此外，大部分的主管也能獲得豐厚的股票選擇權。誠如麻省理工學院經濟學家霍姆斯特姆（Bengt Holmstrom）所言：「資源必須移向成長中的產業，在市場導向的變化環境中，股票選擇權能幫助企業聘僱到主管人才。」

調薪不公　掛冠求去

奇異電器公司（GE）前任執行長傑克・威爾許，在1960年於伊利諾大學（University of Illinois）取得化工博士學位以後，同時獲得了三份工作，而在這些工作當中，他選擇到緬因州（Maine）匹茲菲爾德市（Pittsfield）的奇異塑膠公司做事。

在奇異公司，雖然他創造了一種非常快速的流程，可是在他工作第一年的年終時，奇異公司卻只為他加了一千美元的薪水，原因何在？因為無論表現得好與壞，每個人都獲得了相同的加薪。

於是相當憤慨的威爾許便毅然決然地辭去了工作，接受了位於芝加哥的國際礦石及化學公司（International Minerals & Chemicals）提供的職位，準備跳槽。然而就在他預備動身的那一天，他的良師益友——上司副總裁魯賓・古特夫（Ruben Gutoff），極力遊說他回心轉意。從那時候起，威爾許的升遷速度就比同儕快。身為激勵報酬制度的信仰者，他後來對於績效良好的員工，一定給予特別豐厚的紅利作為獎勵。至於無績效的員工則根本不發放紅利（Noel M. Tichy & Stratford Sherman著，吳鄭重譯，2001：76-77）。

結語

隨著經濟全球化進程的加快，企業面臨的市場壓力和風險無處不在，機遇和挑戰並存，員工合理報酬給付，是企業吸引人才、降低經營風險的有效途徑。

第20堂 上下同欲話激勵員工

故知勝有五：知可以戰與不可以戰者勝；識眾寡之用者勝；上下同欲者勝；以虞待不虞者勝；將能而君不御者勝；此五者，知勝之道也。 ——《孫子兵法・謀功篇》

根據《史記・孫子吳起列傳第五》記載，春秋戰國時期著名的魏國將領吳起，跟最基層的士兵穿一樣的衣服，吃一樣的伙食，睡覺不鋪墊褥，行軍不乘車騎馬，親自背負著捆紮好的糧食和士兵們同甘共苦。有個士兵生了惡性毒瘡，吳起親自用嘴巴替他吮吸膿液，使得在場的士兵無不十分感動。

這個士兵的母親聽說後，就放聲大哭。有人說：「你兒子是個無名小卒，將軍卻親自替他吮吸膿液，怎麼還哭呢？」那位母親回答說：「不是這樣啊！往年吳將軍替他的父親吮吸毒瘡，他的父親在戰場上勇往直前，就死在敵人手裡。如今吳將軍又替他吮吸毒瘡，我不知道他又會在什麼時候死在什麼地方，因此，我才哭啊！」正是吳起這種真誠的帶兵態度，激發了部下聽其命令拚死作戰的精神。

孫武在《孫子兵法・地形篇》中分析道：「視卒如嬰兒，故可與之赴深谿；視卒如愛子，故可與之俱死。」將帥如能像對待自己的愛子一樣對待士卒，就能取得士卒的信任，甘願追隨自己赴湯蹈火，這樣的軍隊，就將無往而不勝。

激勵的涵義

激勵（motivation）一詞，源自於拉丁文moveve，原意為採取行動（to move）之意。激勵可說是一種激發一個人行動的因素，管理者針對員工的需求和目標，採取某些激勵措施，營造出一個適當的工作環境，使能激發員工的工作意願，進而求得組織和員工個人目標的實現。

激勵措施，可分為金錢的激勵和非金錢的激勵，是打動員工工作動機的手段。激勵要有持續性，次數要頻繁，「量」（次數）比「質」（金錢價值）重要。但每位員工的需求、期望值是不一樣的，任何的激勵措施都應該注意員工的個別差異性，細心體察，從宏觀到微觀，施予不同的激勵方法，以達到真正激勵的效果，讓員工持續努力不懈，保持高昂的工作士氣與鬥志。

拿破崙打戰是常勝將軍，跟他如何帶兵應該有密切的關係。譬如說，有時候他親自點名，並且還能一一記住士兵的名字，下次再見面，便能直呼其名，令士兵們受寵若驚，十分折服（魯賓遜，2011/07：7）。

馬斯洛的需求層級

美國著名心理學家亞伯拉罕・馬斯洛（Abraham Maslow）用

「5F」一詞來表現人類的基本需求，那就是性慾（Fucking）、食慾（Feeding）、群聚（Flogging）、戰鬥（Fighting）和逃走（Fleeing），這五種需求為人類本能行為。人類在原腦（原始性腦）的水準一定擁有這種本能性需求，如果否定這些本能需求就無法生存。

人類的需求依階段式逐漸升高，亦即馬斯洛所說的「需求層級理論」（need-hierarchy theory），這五大需求就如同爬樓梯似的一階一階地從低層次往高層次攀登。

★生理的需求（physiological needs）

這是指性慾、食慾、睡眠慾、食物、水等而言。通常都稱為本能或慾望，是為了維持生命絕對要滿足的一種需求，此種需求的出處都認為是爬蟲類的需求本能。

★安全的需求（safety needs）

當生理的需求得到滿足之後，接下來出現的是「安全的需求」。在空腹時，顧不了面子地去尋求食物，因此即使面臨危險，也不在乎，等滿足了這種需求之後，才會考慮到自己的安全一事。此需求主要在免於害怕、焦慮、混亂、緊張、危機及威脅，使個體能在安全、穩定、秩序下，獲得依賴和保護。

★愛與隸屬的需求（social needs）

這是一種希望使自己以某種型態成為社會的一員而存在著的需求，也可以說是一種社會歸屬的需求。整體而言，是指獲取或維護個人自尊心的一切需求。

★尊重的需求（self-esteem needs）

一般而言，這是一種自尊心和獲得他人承認的需求。受到他人肯定的證明，可由表揚、聲望、地位、風評等來作為此項需求的具體內容。

★自我實現的需求（self-actualization needs）

此需求意指完成個人目標、發揮潛能、充分成長，最後趨向統整的個體。誠如孔子所說的：「七十而從心所欲，不踰矩。」的境界。那些自我實現的人，就是那些能夠完全發揮自己的潛能的人，不是慢慢訓練來的，而是突然觸發的，馬斯洛稱這樣的經歷為「顛峰經歷」（peak experience）（春山茂雄著，魏珠恩譯，1997：37-39）。

馬斯洛表示，人的天性是良善的，但是他有這些基本需要，如果我們滿足它，結果就是健康和成功；如果我們壓制它，就會產生疾病。

人因讚美而奮發

「獲得讚美」是員工更高層次的需求。按照馬斯洛的需求理論，被尊重和自我實現是人類更高層次的需求。日本加藤清正的家臣，有一位叫做飯田覺兵衛的武勇之士，他在退隱時，曾說過這麼一段話：

在我出征立功的同時，我也看到了許多夥伴被敵人的子彈打死，當時我就想不要再當武士了。可是戰爭一結束，清正公對我說：「今天你實在做得太好了！」然後他將佩刀賜給我，使我錯過了不再當武士的機會。

後來，我再度出征，也再度下決心回來後不再當武士了。可是，征戰回來，清正公又立刻送「陣羽織」（穿在鎧甲外的無袖披肩）和「感謝狀」獎勵我。清正公就是這樣一而再，再而三地鼓勵我的心，直到最後我仍無法按照自己的心願行事，而繼續為他盡忠、效勞。

當時，其他的武士們聽說飯田覺兵衛當武士的理由，是因為加藤清正不斷地獎勵他，都感到有些意外。然而，人性的確如此。人們往往會因為受到獎勵，而心存感激並奮發圖強。

人一旦受到誇獎，就不免心喜並建立起信心，點燃起「這次要有更好的成果」的慾望，進而成為成長的動力。因此，一位主管若有心在職場培養人才，當部屬有事情做得很好或有成果時，就應該不吝惜地發自內心給予讚美和犒賞（松下幸之助／引自：江口克彥著，林忠發譯，1996：110-111）。

讚美需要技巧，適時的讚美、公開的讚美、具體的讚美、表裡一致的讚美。如果只有批評，沒有讚美，世間永遠是黯淡的冬日；只有物質的讚美，沒有精神的激勵，人將變成慾望的機器；只有口頭的讚美，沒有真實的行動，讚美則宛如水中月，鏡中花，中看不中用。

激勵不同員工的層次

激勵別人唯一的方法，就是與他們溝通，鼓勵員工努力達成目標，也要鼓勵他們研究改善工作方法。俗話說：「一種米養百種人」，不同的員工，其需求是不一樣的。

年輕員工重視擁有自主權及創新的工作環境；中年員工比較重視工作與私生活的平衡及事業發展的機會；老年員工則比較重視工

作的穩定性及分享公司的利潤。

抓住員工的主導需要，有針對性地進行激勵，就像雪中送炭，使員工從心裡感到滿意。誠如《反敗為勝：汽車巨人艾科卡自傳》作者艾科卡說的：「企業管理無非就是調動員工的積極性。」所以，管理的重要功能就是激勵。

因為有對手存在

日本的北海道出產一種味道珍奇的鰻魚，海邊漁村的許多漁民都以捕撈鰻魚為生。鰻魚的生命非常脆弱，只要一離開深海區，要不了半天就會全部死亡。奇怪的是有一位老漁民天天出海捕撈鰻魚，回岸邊後，他的鰻魚總是活蹦亂跳的，而其他幾艘捕撈鰻魚的漁戶，無論如何處置捕撈到的鰻魚，回港後都全是死的。

由於鮮活的鰻魚價格要比死掉的鰻魚幾乎貴一倍以上，所以沒幾年功夫，老漁民一家便成了遠近聞名的富翁。周圍的漁民做著同樣的營生，卻一直只能維持簡單的溫飽。老漁民在臨終之時，把祕訣傳授給了兒子。原來，老漁民使鰻魚不死的祕訣，就是在整艘船艙捕獲的鰻魚群中，放進幾條叫狗魚的雜魚。

鰻魚與狗魚非但不是同類，還是出名的「死對頭」。幾條勢單力薄的狗魚遇到成艙的對手，便驚慌地在鰻魚堆裡四處亂竄，這樣一來，反而倒把滿滿一船艙死氣沉沉的鰻魚全給擊活了。鰻魚因為有了狗魚這樣的對手，才長久地保持著生命的鮮活（〈因為有對手存在〉，http://tw.myblog.yahoo.com/jw!.TV2peqTSU9EuukLQc0c/article?mid=70833）。

有了對手，才有危機感，才會有競爭力。這就是明代戲曲家馮夢龍所著作的《警世通言》書上說的：「水不激不躍，人不激不奮。」的道理。

「金香蕉」獎

肯德基公司（Kentucky Fried Chicken, KFC）在中國大陸成立第七百家分店的慶祝形式沒有高檔奢華的酒會，而是精選了一批優秀員工讓他們回到各自的母校，與在校生一起分享個人成功的喜悅與經驗。這與《尚書・盤庚・中篇》說的「順應民心，使民成為順民」，從而形成凝聚力，有異曲同工之效。

奇異電器公司（GE）強調，他們不在意員工來自何方，畢業於哪個學校，出生在哪個國家。他們擁有的是知識界的菁英，年輕人在這裡可以獲得很多任用的機會，不會論資排輩地等待。透過內部選拔和特定培訓，有許多三十歲出頭的經理人活躍在世界各地。

許多年前，惠普（HP）公司的電腦工作小組，為了一個問題傷透腦筋，經過幾週的努力，終於有一位工程師衝進了經理的辦公室，並高喊：「找到答案了！」那位經理很高興，除了高聲說：「恭喜！恭喜！」外，並當場想贈送一件禮物表示獎勵，結果一時情急之下，就將自己午餐要吃的香蕉，遞給了工程師當作獎勵，那位工程師也感到被激勵了。這就是惠普公司後來設置了「金香蕉」獎項的由來，專門用來表揚特別有創造性、發明才能的員工。

績效付酬制

美國著名的待遇專家Howard Risher在名為「Pay for performance: A guide for federal managers」的結論中，有一段足資參考的論述：「我們可藉由待遇激勵員工嗎？（他說）當待遇制度能與組織價值結合，每一位員工能夠明確的瞭解組織的目標，且有一致性的期望，那麼，待遇就能夠成為有效的激勵。這些共同的期望就是心理學家所謂的『心理契約』（psychological contract）。當大家用心地（conscientiously）推動（績效）待遇制度，將有助於創造一個支持高績效的文化。此時，政策的興革絕對有助於各機關業務的推動。」

這個論點剛好印證了德國的政治經濟學家和社會學家馬克斯・韋伯（Max Weber）說的：「人們奮鬥所爭取的一切，都與他們的利益有關。」

結語

二次大戰美國著名將領喬治・巴頓（George S. Patton）將軍說：「所有的軍官，尤其是將級軍官，必須積極關注士兵們所關心的事情。關注的同時，你往往可以獲知很多的事情。縱然並不是真心地關切，但是只要表露出關心的態度，就能大大提振士兵的士氣。」（Alan Axelrod著，李懷德譯，2001：138）大部分員工，在公司所展現出的個人能力往往不到五成，而「激勵」則是誘發員工潛力的極佳方式。「激勵」往往與「金錢」劃上等號，可是除了物質誘因外，個人內在需求也是非常重要的激勵因子。

出奇制勝話福利共享

在嵩山少林寺學拳棒，學了些時，覺得徒有虛名，無甚出奇制勝處，於是奔走江湖。 ——《老殘遊記‧第七回》

《戰國策‧馮諼客孟嘗君》記載，齊國有位名叫馮諼的人，生活貧困，養活不了自己，他讓人轉告孟嘗君，說願意到孟嘗君門下作食客。孟嘗君問：「馮諼有何愛好？」回答說：「沒有什麼愛好。」又問：「他有何才幹？」回答說：「沒什麼才能。」孟嘗君笑了笑，說道：「好吧！」就收留了馮諼作為門客。那些手下的人因為孟嘗君看不起馮諼，所以只拿粗茶淡飯給他吃。

過了沒多久，馮諼依靠著柱子，用手指彈著他的佩劍唱道：「長鋏啊，咱們還是回去吧，這兒沒有魚吃啊！」手下的人把這事告訴了孟嘗君。孟嘗君說：「就照一般食客那樣給他吃吧！」

又過了沒多久，馮諼又依靠著柱子，彈著劍唱道：「長鋏啊，咱們還是回去吧，這兒出門連車也沒有！」左右的人都譏笑他，又把這話告訴了孟嘗君。孟嘗君說：「照別的門客那樣給他備車吧！」於是馮諼坐著車子，舉起寶劍去拜訪他的朋友，並且對著他的友人說道：「孟嘗君把我當客人一樣看待哩！」

後來又過了些時候，馮諼又彈起他的劍唱道：「長鋏啊，咱們還是回去吧，在這兒無法養家。」左右的人都很討厭他，認為這人貪心不知足。孟嘗君知道後就問：「馮先生有親屬嗎？」回答說：「有位老母。」孟嘗君就派人供給馮諼母親的吃用，不使她感到缺乏。這樣，馮諼就不再唱歌了（〈馮諼客孟嘗君〉，http://www.eywedu.com/Translation/lang15/lang1512.asp）。

這個故事在提示企業辦理員工福利時，要「細水長流」（逐年、逐次增加福利項目），因為人性的慾望是無止境的，不能用「滿漢全席」（一次到位的福利項目）的做法來滿足員工的一時需求。

福利制度的實施，要看每家的企業文化、經營績效、員工素質、工作環境等因素而有不同的福利政策，但萬變總不離其宗，是隱藏在背後那顆關懷的心。

福利通通有獎

員工福利（employee benefits）又稱為邊緣福利（fringe benefits），是指在薪資（工資）以外對員工的報酬，它不同於工資（薪資）及獎勵，福利通常與員工的績效無關，它是一種提升員工福祉，促進企業發展的管理策略。企業提供完善的福利措施，不但可以降低流動率、維持勞動關係和諧，更能提升企業形象，進而能提升在勞動市場上的競爭能力，在穩定人力資源的投資上會有相當大的助益。

工作壓力的增加，企業開始重視「員工協助方案」（Employee

Assistance Programs, EAP）的規劃，為了避免員工「過勞死」，健康休閒設施的添購，也成為企業重視員工福利項目的一項重要指標。

自助式福利制度

自助式福利（cafeteria benefit）就是員工有機會自行選擇福利的項目，而企業則提供多項彈性福利以滿足員工不同的需求，同時控制福利成本。員工透過自助式福利自選的方式，可以確實照顧到員工真正的需求，提高福利的價值；讓員工有機會參與福利政策的籌劃和制定，可提高員工的滿足感與成就感。

員工常低估了福利的成本，用自助式福利可使員工體認公司提供各項福利背後所付出的金額。透過自助式福利的授權，可提供員工自主的空間，也象徵管理者對員工的信任。

員工協助方案

員工協助方案（EAP）首創於1939年，新英格蘭電話公司（New England Telephone Company）為有酗酒習慣員工的服務。演變至今，員工協助方案係指由企業提供諮商或服務給員工，以協助員工解決社會、心理、經濟與健康方面的問題，以增進員工身心的健全，增進其福祉，進而提升工作效率，促進組織的成長。

員工協助方案之內容包括：

- **心理諮商輔導類：**健康問題、人際溝通技巧、家庭溝通技巧、家庭與親職教育、經濟問題、壓力與情緒管理、情感困擾、法律問題、欺負與威嚇、焦慮、酗酒藥物成癮等。

- **醫療保健類**：設置醫療室、健康教育、休閒生活安排、家庭生活／工作平衡等。
- **教育成長訓練類**：新進人員照顧、組織內生涯規劃與轉換、自我成長、工作適應及發展、技能訓練、不適任員工輔導相關問題等。
- **休閒育樂類**：工作壓力紓解、社團活動、聯誼會、藝文活動等。
- **福利服務類**：急難救助、托兒養老服務、法律稅務諮詢、投資理財等。

谷歌福利羨煞人

根據2007年美國《財富》雜誌的排名表明，谷歌（Google）榮膺當年全美最佳雇主，主要原因就是它提供給員工的各種豐厚福利。谷歌的高級產品行銷經理戈皮・卡拉伊爾（Gopi Kallayil）在一次電話採訪中羅列出他在享用的一些廣為流傳的員工福利項目，包括：供應免費三餐美食，因為這是生活必需品，提供二十四小時開放的健身房，還有瑜伽課、演講、醫療服務、營養諮詢師、洗衣機、按摩服務、私人教練、游泳池、溫泉水療（spa）、以生物柴油為燃料的班車等。這些豐富而具有吸引力的福利讓人義無反顧地選擇在谷歌工作（〈Google因福利豐厚而獲全美最佳雇主〉，http://bb.wlzp.com/News/10806.html）。

2011年11月1日，美國《財富》雜誌發布2011年度全球「最佳雇主25強」名單，谷歌入選理由亮點是「帶薪頭腦風暴」。一名員工表示，谷歌公司自成立以來發展迅猛，今（2011）年的員工數比去年（2010）新增31.9%，但這家巨型網際網路公司在很多方面的運作都如同一個整體。員工與公司高層的直接溝通機會相當多，谷歌也極為重視員工福利，並鼓勵工程師抽出20%的時間進行頭腦風暴及研發與谷歌相關的新內容，即使這些新內容從未具體成形也沒有關係。透過「20%時間」這類活動，「谷歌人」保持住了創新精神，而這正是小公司成長為大公司後很容易喪失的東西。

谷歌公司還推出了一項「員工導師計畫」。在「從谷歌到谷歌人（G2G）」的課堂上，員工彼此傳授技術、商業知識和個人興趣愛好。在「谷歌奇才」（gWhiz）項目中，全球任何一名谷歌員工都可以註冊加入，回答問題或提供某領域的專業技術指導（〈《財富》評全球最佳雇主25強〉，http://money.163.com/11/1102/07/7HRD89IF00253G87_all.html）。

谷歌把辦公室稱為「校園」，整個公司彌漫著大學校園的氛圍，員工衣著休閒，可以享受各種樂趣。谷歌所提供的福利措施，希望在競爭激烈的市場上吸引最優秀的人才，並可以吸引那些願意把絕大多數時間花在工作上的人才。讓員工在公司享用美食和處理私人事務，從而可以長時間的加班；告訴員工公司看重他們的價值；讓他們在今後許多年一直使用谷歌的服務。

Facebook聘名廚

在矽谷，社交網站Facebook（臉書）特聘請前谷歌首席主廚戴西蒙（Joseph DeSimone）掌廚，不但提供三餐、下午點心，甚至午夜、凌晨三時都有現做的美食供應，而且不定時禮聘各地名廚來獻藝，讓員工享受不同的美食。

每天中午十一時四十五分員工餐廳開始供餐，滿懷期待的員工總是大排長龍，戴西蒙每天都會變化不同的花樣。第一天可能是泰式酸辣雞，第二天端上桌的是烤鵪鶉，第三天讓人垂涎三尺的是各式巧克力餡點心，第四天則是紐約名廚的招牌菜。

Facebook為了鼓勵員工以公司為家，服膺「抓住員工的胃，就能抓住員工的心」的至理名言，每天午餐和晚餐的標準菜式是肉、雞或魚的兩種主菜、兩種湯、兩種甜點，並有素食可供選擇。所有食材一定選擇最新鮮的，而且是有機的，戴西蒙烹煮美食用的鹽就有八種，考究可見一斑。

Facebook對員工的「厚愛」，令人稱羨。其發言人說：「員工的生活更舒適，才能讓員工專心在工作上。我們不希望員工趕來上班的時候，還得擔心吃早餐、帶午餐的問題。」對Facebook來說，美食是讓這部創新機器運轉順暢的潤滑劑（朱小明編譯，2009/12/27）。

有薪情緒假

成立於1992年的逸凡科技公司，榮獲台北市2011年「幸福企業獎」。公司榮獲幸福企業的具體實踐中，除了獨有每月四小時的「情緒假」，逸凡同仁可依照心情選擇洗頭放鬆、Happy Time咖啡或舒壓按摩，並設有員工健檢與健身硬體設施，更規劃多種親子同樂的兒童工坊、情緒講座等員工交流活動，並熱心參與公益活動，讓員工實際體驗感恩、熱情的企業文化。而逸凡科技的使命，就是不斷地提供員工無後顧之憂、能夠充分發揮己身價值的工作環境，更讓員工從中得到成就感，更添心靈的滿足與幸福（逸凡科技，http://www.ivan.com.tw/news_2.asp?sno=88）。

最寵愛女性員工的公司

成立於2001年的戰國策集團，為台灣虛擬主機服務業領導品牌，無論薪資、職位、年資，每位員工都有一張售價上萬的「董事長椅」。為了讓員工處於最佳狀態，平常上班日若身體、心理狀況不佳時，每個月公司提供三小時外出情緒假。除情緒假外，公司甚至還提供一個月一天的支薪「面試假」。

戰國策集團對生育女性員工給予的優遇有：

- 針對懷孕的同仁，部門主管主動安排職務代理人適當調整其工作內容或是調整工作時間。
- 績優女性同仁育嬰留職停薪後保證回復原職。
- 女性同仁提供10日全薪安胎假。
- 女性同仁提供10日全薪產前假（因懷孕者，於分娩前，給產前假10日，得分次申請，不得保留至分娩後）。
- 女性同仁提供3個月全薪產假，女性主管提供4個月全薪產假（優於《勞動基準法》8週）。
- 女性同仁妊娠流產提供10日全薪休養假。
- 公司免費提供溼紙巾和母乳保鮮袋、媽媽雜誌與育兒書籍供哺乳同仁使用；在茶水間內，提供元氣飲品，供哺乳媽媽們補充體力。
- 產後提供補助女性同仁坐月子中心（或訂月子餐或請月子媽媽自行在家做月子）一次性費用2萬元，女性主管提供一次性費用5萬元。（〈最寵愛女性員工的公司〉，http://www.wretch.cc/blog/hotelscomtw）

生育獎金

台灣地區少子化危機，企業紛鼓勵生育。金仁寶集團在2010年尾牙宣布，鼓勵員工增「產」報國，每生一位小孩可獲六萬六千元獎金；2011年集團內光仁寶公司就發出逾一千五百萬元「做人」獎金，已有二百二十七人領取生育獎金。若以仁寶目前台灣員工人數近五千人計算，粗略換算等於每百名員工中，今（2011）年就有4.5個新生兒誕生，明顯高出國內育齡婦女生育率。

金仁寶的集團生育獎金將連發五年，無論生幾胎，每胎一定可領六萬六千元獎金。一位在仁寶任職的年輕員工笑說，2010年很多資深員工聽到生育津貼大幅加碼，都拍拍年輕員工的肩膀鼓勵「加油」；也有員工老婆說，已交代老公「做人第一」，就算有其他生涯規劃，一定要等到生完小孩再說（鄒秀明、王慧瑛，2011/12/26）。

企業推行福利制度的成功關鍵

企業實施福利政策時，各項福利制度的目標、規劃與執行，均應兼顧吸引外部優秀的人才、內部留才及提升員工向心力為任務，促進勞動關係和諧為宗旨。福利活動的設計應力求多樣化，讓員工有多種選擇活動的機會，進而擴大員工參與面。同時，福利規劃要保留部分為自助式活動（員工自辦），以配合員工不同的興趣與需求，輔助員工成立各種社團，並藉社團活動培養員工之間團隊合作的精神。

員工福利推行成功的關鍵，同時要考量公司策略、員工需求、市場競爭力、政府法令等，在參考就業市場其他廠商做法的前提下，儘量照顧到員工的需求，讓員工在公司都能工作得滿足而愉快。

結語

過去衡量企業的指標，是看員工創造多少經濟價值，以後會變成看企業如何對待員工，因為前者看的是過去，後者看的卻是未來。福利的多元化與豐富化，基本上是由企業創造出的利潤多寡而決定，提高生產力的質與量，係靠勞資雙方的「互信、互諒、共存、共榮」的共識，才能逐步實現，而未來的工作者，也將追求被關懷、被尊重以及工作成就感。

Part 7

職場遊戲

提綱挈領話制度規章

提綱而眾目張，振領（挈領）而群毛理。

——《宋史・職官志八》

常有人問我（星雲法師）：「佛光山人眾好幾千人，寺廟分布五大洲，你如何管理佛光山的人事？」

我並沒有什麼特殊的管理技巧，我只是為佛光山建立各種制度，以制度來管理，以組織來領導而已。例如：在開山之初，我根據六和敬、戒律和叢林清規，著手為佛光山訂定各項組織章程，建立各種制度，諸如人事管理訂定：「序列有等級，獎懲有制度，職務有調動」，以及「集體創作、制度領導、非佛不作，唯法所依」的運作準則（星雲法師，2005/12/24，A14版）。

台塑集團創辦人王永慶說：「企業管理工作並不是制訂完成一套規章辦法就算大功告成。規章的制訂只是初步建立了大家必須共同遵循的辦事依據，如何有效付諸實施也是非常重要。在實施以後，也必須針對執行上有所窒礙難行之處，加以檢討改進而做必要之修正。」所以，管理合理化乃是創造企業營運績效的根源，而利潤則是營運績效的結果（王永慶，2001：243-244）。

規章制度概念

被尊稱為「組織理論之父」的德國古典管理理論學家馬克斯・韋伯認為，社會上有三種權力，一是傳統權力，依傳統慣例或世襲得來而擁有；二是超凡權力，來源於自然崇拜或追隨；三是法定權力，透過法律或制度規定的權力。對經濟組織而言，應以合理、合法權力為基礎，才能保障組織連續和持久的經營目標，而制度規章是組織得以良性運作的保證，是組織中合法權力的基礎。

制度規章是企業的「法律」，藉此約束員工，憑以獎懲，使員工分工合作，各司其職，以竟全功。企業缺乏制度規章，則「人」、「事」之安置與管理，也將缺乏依循之準則。

破窗理論

美國心理學家詹巴斗曾經做過一項「偷車實驗」。他將兩輛一模一樣的轎車分別放在一個環境很好的中產階級社區和環境比較髒亂的貧民區，結果發現貧民區的車很快被偷走了，而另一輛車子幾天後仍然完好無損。如果將中產階級社區的那輛車子的天窗玻璃打破，幾個小時後，那輛車子也被偷了。後來，在此實驗基礎上，美國政治學家詹姆斯・威爾森（James Q. Wilson）及犯罪學家喬治・凱林（George L. Kelling）提出了有名的「破窗理論」（Broken Windows Theory）。

「破窗理論」認為環境中的不良現象如果被放任存在，會誘使人們仿效，甚至變本加厲，就像有人打破了一棟建築上的一塊玻璃，又沒有及時修好，別人就可能受到某些暗示性的縱容，去打碎更多的玻璃。如果人事管理中任何一種不良現象的存在，都在傳遞著一種訊息，這個訊息又會導致不良現象無限擴展，最終將導致人事管理工作的失序。

企業制度立法的特性

企業依法制定制度規章是企業內部「立法」，是企業規範運作和行使用人權的重要方式之一。

企業制度規章立法的特性有：

★客觀性

制度規章是組織中每一位成員行為的「規矩」或「準繩」。組織中成員要從事制度規章所規範的行為，便應當依照制度規章規定的程序循軌而行。韓非子說：「治也者，治常者也」（《韓非子・忠孝》）。顯然他所關心的「法」較偏重於制度規章。

★公開性

制度規章必須公布，讓組織中的成員都知所遵從。韓非子說：「法者，編著之圖籍，設之於官府，而布之於百姓者也。」（《韓非子・難三》）讓法令深入人心，每一個人都明白瞭解。

★可行性

制度規章是為每一個人而設立的，因此立法務必要做到人人可知可行的程度。韓非子說：「察士然後能知之，不可以為令，夫民不盡察。」（《韓非子・八說》）這說明了連聰明才智之士都不容易瞭解的奧妙玄理，一般人必然無法瞭解，絕不可拿來作為制度規章。

★強制性

制度規章是組織中處理各項事務最恰當的程序。制度規章一但公布之後，有關事務便應當依照制度規章來處理，不可輕易變動。韓非子說：「法莫如一而固。」（《韓非子・五蠹》）才能做到「信賞以盡能，必罰以禁邪。」（《韓非子・外儲說左下》）使部屬一面樂於盡力達成組織目標，一面不敢做出任何危害組織之事。

★普遍性

制度規章一旦公布實行之後，就應當是每一個人行為的準繩，不能因為某一個人地位高，權力大，就可以不遵照法令行事。韓非子說：「刑過不避大臣，賞善不遺匹夫。」（《韓非子・有度》）聰明的智者，是不會找理由為自己辯說，魯莽的勇者也不敢出面為自己抗爭（黃光國，2000：114-119）。

制定制度規章的原則

企業制度規章的合理制定和有效推行，是企業實施內部員工管理的有力保障。然而，企業經營的外部法律環境越來越規範化，如何依據勞動相關法律法規，制定符合企業需要、獲得員工認同的企業制度規章，成為企業管理人員的重要課題。

企業在制定制度規章時，應把握下列幾個原則：

★借鏡原則

蒐集、參考業界標竿企業相關的制度規章制定的做法（範本），通常用訪談方式來瞭解各類制度規章的架構。

★企業特色的原則

清楚瞭解經營者的經營哲學及實務需求，依著雇主的經營理念來規劃制度規章。

★法理情的原則

制度規章必須依法訂定，不能違法或避重就輕，遊走法律的「灰色」邊緣地帶，以避免不必要的勞資糾紛。

★激勵原則

制度規章條文的用字遣詞，要使用正面語氣，少用禁止等負面的用語，以維持員工的尊嚴。

★參與原則

制度規章制定必須徵詢各主管的意見，不可閉門造車，單打獨鬥。制度規章的執法者是各單位的主管，能讓主管參與和表達意見，除使制度之內容能更周延完整外，亦可使主管有受尊重之感，在制度規章實施中，必能降低主管的反彈與阻力。

★特有原則

隔山如隔行，勿將別家的制度規章全盤抄襲引用，應就企業體質、規模、企業文化來設計。

★專業原則

制度規章訂定時，要多方蒐集管理制度的資訊，不可以偏概全。

★實用性原則

制度規章不是快餐，只是一次性消費，它是企業長期戰略的實現，所以在討論和制定時應儘量考慮周全，但也要斟酌程序的易行性，「太完美」的制度是難以執行的。

★透明化原則

制度規章要透明化，要宣導，才能引起員工的共識與遵守。

★適時修訂原則

環境在變，經營方式也在變，法律更在變，所以要懂得適時修訂。

管理報表

報表建立之基本目的有：記錄用、檢查用、提示用、稅務用、管理用、經營用、法規用等，以創造經營管理的價值。

一般報表管理的用途有：

- 策略評估：策略、新開店、新設備、新產品、新方法。
- 設定基準：日常管理、目標管理、獎懲辦法（標準化之依據）。
- 衡量結果：日常管理、目標管理過程與實績成果（目標達成評估）。
- 調查分析：定期或非定期掌握理解事實真相（參考、研究、決策用）。
- 掌握要因：將蒐集之數據加以分類（掌握重要性作為處理優先次序）。
- 改善比較：比較活動實施前後結果（確認改善活動之有效性）。

- 評估效益：改善活動效益比較（作為變革或決策參考之依據）。
- 查核數據：利用各項工具以便於蒐集資料與數據（參考、決策用）。
- 清查權責：利用層級別等模式將工作或結果權責清楚表達。
- 排解糾紛：利用數據之客觀性、說服性，以避免糾紛。
- 其他事項：表列標準如中文標準交換碼（Central Nervous System, CNS）、目視顏色管理（鄭智揚，〈管理報表分析〉講義）。

制度規劃說之有理

十二屬相是十二地支與十二種動物相組合而成的，就是子鼠、丑牛、寅虎、卯兔、辰龍、巳蛇、午馬、未羊、申猴、酉雞、戌狗、亥豬。組合是按陰陽確定的，子、寅、辰、午、申、戌屬陽，其餘屬陰；選擇的十二種動物，是從其足爪的數目確定陰陽的，偶數為陰，奇數為陽。牛、兔、羊、豬、雞都是四足爪，蛇無足，其舌頭為兩岔，也為偶數，都屬陰；鼠、虎、龍、猴、狗都是五趾，馬是單蹄，歸入奇數，都屬陽。

這樣，陽與陽、陰與陰分別組合成十二屬相。因為從計時上區分，子時為昨夜十一時到今晨一時，按陰陽分，昨夜屬陰，今晨屬陽，那就需要一種既屬陰又屬陽的動物來組合。而老鼠前足是四爪，即偶數屬陰，後足是五爪，即奇數屬陽，所以老鼠是陰陽共有的動物，與「子」組合就非老鼠莫屬了。

制度設計也要首尾呼應，說之有理，在執行時才能具有信服力。

提綱挈領

「提綱挈領」是由「提綱」和「挈領」二語所組成。

「提綱」的典故源於《韓非子・外儲說右下》，主要內容是說，要使一樹的葉子全動，自不可去搖每一片樹葉，而是搖撼樹幹，樹葉自必全動。在深潭的岸邊搖動樹木，鳥兒驚嚇而飛向空中，魚兒懼怕而游入水底。善於張網捕魚的人，也不是網目一個一個放進水裡，而是要掌握網目的總纜繩，撒網，網自會大張，魚自然就入網了。若要逐一地牽引網目，才能使網張開，那是勞苦而艱難的工作。

「挈領」則出自於《荀子・勸學》，其內容提到，想要追溯先王的本源，探求仁義的根本，那麼遵循禮法正是入道的捷徑。這就像提起皮衣的領子，然後彎曲五指去抖動它一樣，整件皮衣的毛就全都理順了。

「提綱」和「挈領」的原意是指張網要抓大繩，拿衣要提衣領，後來就被合用為「提綱挈領」這句成語，比喻要掌握事理的關鍵大綱。所以，企業組織制度規章越健全（總繩），主管管理就越省事，而不須事必躬親，大小事務一把抓了（鄭智揚，〈管理報表分析〉講義）。

商鞅立木建信

《史記・商君列傳》有一段記載：令既具，未布。恐民之不信己，已乃立三丈之木於國都市南門，募民有能徙置北門者，予十金。民怪之，莫敢徙。復曰：「能徙者，予五十金。」有一人徙之，輒予五十金，以明不欺。

這個故事說明商鞅任秦孝公之相，欲推行新法，為了取信於民，商鞅立三丈之木於國都市南門，招募百姓有人能把此木搬到北門的，給予十金。百姓對這種做法感到奇怪，沒有人敢搬這塊木頭的。然後，商鞅又布告國人，能搬者給予五十金。有個大膽的人終於扛走了這塊木頭，商鞅馬上就給了他五十金，以表明誠信不欺。

商鞅這一立木取信的做法，樹立起個人威信和法令權威，終於使老百姓確信新法是可信的，從而使新法順利地推行實施。

不可妄加揣摩上意

已故前法務部長陳定南在職期間，曾因對法務部內是否遷建廁所而舉辦「廁所公投」，鬧得滿城風雨，最後陳定南以總務司長聽錯話，停止遷建廁所收場。因此，乃對法務部所屬人員頒布了「五大工作守則」：

- 接奉指示，立即照辦；執行完畢，馬上回報。
- 如將上述指示轉交他人執行時，對於受託人陳報上來的執行成果，不可信手轉呈，必須逐項檢驗，確認執行正確無誤才可提報。
- 執行遇有困難時，應立即反映，不可就此擱置停頓或坐困愁城。
- 對於交辦事項，有不同意見或更好方法時，必須及時提出建議以供修正，不可私下否決，而以己見取而代之，或事先知而不言，卻在事後批判。
- 如有疑問，應立即請示並釐清，不可妄加揣摩、隨意詮釋或擅作主張，以致發生偏差。（蕭白雪，2004/12/17）

停！看！聽！

亨利・梭羅（Henry D. Thoreau）所著《湖濱散記》（*Walden*）書中有一句名言是：「簡單點，簡單點！」制度規章的設計也是要簡單、易懂，公布後更應該認真執行。

話說在1930年代的美國，經常發生鐵路平交道事故，造成許多冤魂和財物損失。當局在評估之後，認為需有一則簡潔有力而發人審思的警語，民眾才會記得鐵路平交道安全的標語。在重賞之下，獲得全國熱烈迴響，信件如雪片般飛來，結果由路易斯安那州（Louisiana）的史都華（Stewart）雀屏中選，他所寫的標語正是現今全世界鐵路平交道通用的標語：「停！看！聽！」。

在此一標語廣泛豎立在全國各平交道旁邊後，果然交通事故大為減少。因為這簡短的三個字，適時地教導路人怎麼去做（分三個步驟去做）而非空泛的「要小心喔！」、「要注意喔！」之類的文字，效果當然良好。

在隔數十年之後，也就是1940年代，美國某地發生一起平交道事故，一個人被輾死在平交道，經過調查，這個人居然就是史都華，此事著實令當時人們驚嘆不已！

制度規章訂得如何周全、如何完備，所有該設想的條件都想到了，可是如果大家不去遵守並認真執行，各吹各的號，則是徒勞無功的。

結 語

管理制度規章，本身並沒有好壞之分，只是適合或不適合的問題。如果適合企業文化的情況，就是一種有效的制度，如果不適合，就是一種無效的制度。制度規章的訂定貴在合理可行，如果規定太嚴（太周全），不見得容易執行，就會變得「衙門化」，員工也就會覺得很不人道。例如員工何時可以上洗手間，以及上班應該穿工作服等項目，它就犯了「從嚴規範」的毛病。所以說，法規訂得嚴，不如訂得巧，才有效果。

賞善罰惡話紀律管理

魴在郡十三年卒，賞善罰惡，恩威並行。

——《三國志・吳書・周魴傳》

當年日本也沒有把握發動侵華戰爭，畢竟中國的版圖比日本大得多；可是基於日本的疆域勢必對外開拓，於是派員到中國考察。

考察團到了中國海軍軍艦參觀，看到砲台上晒著水兵的衣物，於是在返國後上奏天皇：「日本可以打贏支那。砲台上晒著衣物，照樣可以發射砲彈，但這可以證明中國的軍隊沒有紀律，沒有紀律的軍隊是不能打仗的。」

1894年（光緒二十年）日本發動了甲午戰爭。那幾件水兵衣物，讓中國慘遭兵燹，失去台灣主權和人民（洪荒，2008/06/29，E4版）。

紀律管理概念

紀律是培養員工按企業規則做事習慣的一種強制性措施。從本質上說，是預防性質的，其目的是為了提高員工遵守企業政策和規則的自覺性，讓全體員工全面瞭解企業的紀律措施，以杜絕或減少各種違規行為。紀律措施與安全措施一樣，其著重點在於防範。

對主管而言，懲戒一直是吃力不討好的工作，但若從組織的觀點而言，懲戒措施是構成整個管理控制不可或缺的一環。懲戒的目的，是希望員工在工作時能夠謹慎，而謹慎的定義，在於能遵守公司的規章與規則。

紀律管理有兩種方式：一種是消極的紀律管理，懲罰是唯一的管理手段，員工缺少對管理制度的深入理解，對紀律管理的目標缺少領悟，使紀律管理難以向更高階段發展；另一種是積極的紀律管理，用回饋情況、提供糾正性培訓的方式來嚴肅紀律，使員工逐步深入地理解有效的紀律管理，給自己和企業帶來的積極意義。

5S運動

5S運動是一項有計畫、有系統地做到工作場所全面性，有條理、乾淨、清潔及標準化。一個有條理的工作場所可使作業更安全、更有效率、更有生產力，可以提升工作士氣，讓員工有榮譽感與責任感。

5S是將「整理、整頓、清掃、清潔、教養」等5S作為改善企業體質的手段。推行5S運動，必須按部就班實施，才能獲得最後成果。因此，瞭解5S內涵是一件非常重要的工作和課題。

若以羅馬拼音書寫，它的每個字都是以「S」為首字，因此稱為5S。其字面意義為：

★Seiri（整理）

清理雜亂。區分要與不要的東西，工作場所除了要的東西外，一切都不可以放置。

★Seiton（整頓）

定位有序。將整理好的物品定位，透過看板、顏色進行效率管理。

★Seiso（清掃）

無汙無塵。經常打掃，常保持清潔，造就無垃圾、無汙塵的環境。

★Seiketsu（清潔）

保持清潔。透過制度、規定，維持整理、整頓、清掃之狀況。

★Shitsuke（教養）

遵守規範。養成確實遵守組織規定事項的習慣。

實施5S運動的目的是要降低作業成本、提高工作效率、提高產品品質、激勵工作士氣和防止工作災害（林祥雲，http://www.ejob.gov.tw/news/cover.aspx?tbNwsCde=NWS20070622HRR565931&tbNwsTyp=441）。

熱爐原則

懲戒，是一種對違反組織規定或績效惡化至需要採取糾正行為程度的員工所採取的行動。懲戒之終極目的，既然在於促使員工遵守行為規範，為達此目的，主管在實施懲戒之際，必須講究技巧。

麻省理工學院管理學教授道格拉斯・麥克瑞格提出了著名的「熱爐原則」（Hot Stove Rules），將懲戒比喻為觸及燒熱的火爐。

- 火爐一燒熱，一定會出現紅色的信號，提醒人們要遠離它，以免受到傷害，這是警告性原則。
- 倘若某人不理會紅色的信號，以手接觸火爐，他將立即受到灼傷，也就是說，只要觸犯企業的規章制度，就一定會受到懲處。
- 不管是誰，只要不理會紅色的信號，以手接觸火爐，誰都會因而受灼傷。懲處必須在錯誤行為發生後立即進行，絕不拖泥帶水，絕不能有時間差，以便達到及時改正錯誤行為的目的，這是即時性原則。
- 一個人之受灼傷，係導因於他觸及火爐的行為本身，與他的身分或地位無關，這是公平性原則。

熱爐原則的預防措施

預防措施的定義，是為了防止潛在的不合格、缺陷或其他不希望有的情況發生，消除其原因所採取的措施。

根據上述熱爐原則的比喻，在懲戒員工管理上，可延伸下列的預防措施：

★事前警告

在實施懲戒前，主管必須向員工宣導哪些是不可觸犯的禁忌行為，以及一旦觸犯該等禁忌行為，將會受到何種程度的處分。

★即時懲戒

主管應即早關注違規行為，並儘快完成調查工作，以便實施懲戒。懲戒愈是緊跟著違規行為，員工因為對自己的違規行為記憶猶新，所以愈能將懲戒視為違規的後果，而不至於歸咎主管。

★懲戒的一致性

不管違規者是誰，只要是同樣的違規行為，原則上均應施以同樣的懲戒。

★對事不對人之懲戒

主管在懲戒員工過後，對待受罰的員工之態度應與受罰之前完全相同，否則員工會認為主管所懲戒的是他本人，而非他在某一時空之下的某種行為（鄧東濱編著，1998：209-212）。

世界知名的領導力變革專家諾爾・提區（Noel M. Tichy）說：「成功的領導者和企業都將成員視為最佳的指導機會，而非處罰的理由。」

揮淚斬馬謖

三國時代孔明揮淚斬馬謖的故事就是「熱爐原則」的一個好案例。提起歷史上的諸葛亮，無人不知，無人不曉，他特別強調權威者的領導形象「舉威務嚴」，特別是在原則是非上馬虎不得，治國、治軍法紀嚴明。

羅貫中的《三國演義》九十五回有一則「馬謖拒諫失街亭」的故事。

秦嶺之西，有一要道口，名「街亭」，是漢中的咽喉，司馬懿引兵出關，欲取得「街亭」。馬謖主動請戰，立下軍令狀去「街亭」防守。那知馬謖驕傲自大，自恃熟讀兵書，頗知兵法，既不顧諸葛亮臨行前的指教，又不聽王平的勸阻，擅作主張，將營寨紮在山上，結果司馬懿引兵攻打，士兵兩路圍水，斷了蜀兵汲水道路，山上缺水，無以為食，最後亂了軍心，丟了「街亭」。

對於這位敗軍之將，為了法紀的尊嚴，諸葛亮公私分明，不顧與馬謖情同手足，依法斬了馬謖，以立威立信。

火爐之前人人平等，誰摸誰挨燙。諸葛亮不因為是自己的愛將就網開一面，從而保證了懲罰的平等性。事前預立軍令狀，做到了預防性；撤軍後馬上執行斬刑，體現了即時性。正是因為能做到這些，才使蜀國在實力最弱的情況下存活了那麼長時間，軍隊也保持了長久的戰鬥力。

懲戒程序

企業是否將相關之工作規定，詳細地告知每一位員工，尤其是對新進員工更需注意，諸如員工的工作手冊，甚至布告欄上的公告都應包括在內。對員工違規的懲罰必須根據事實，如果有見證人在場，那麼見證人的訪談紀錄也必須存檔，確保兩造雙方都能有充分的機會辯白或提供說明。個人的主觀或假設性之認定，應予以排除。是否適當地採用「警告程序」，而這些警告是否以書面形式送達當事人手上；若採口頭警告，它的內容說詞是否清楚的表達。

具有工會組織的企業，可能還需將對員工之警告通知送給工會備查。除此之外，還可能要告知工會管理者，將採取何種懲戒行動，以減少工會與管理者之間所可能發生磨擦的機會。

在決定採取何種懲戒行動之前，也要依員工違規的輕重程度或初犯、累犯等情形，對員工過去的考核紀錄及服務年資做適當的考慮。但相反地，這並不意謂著員工過去若有不良紀錄，就可當作對員工採取懲戒的唯一因素。公司要確保管理者或生產線上主管都能瞭解懲戒的程序與政策。尤其是在對員工採用口頭警告或私底下採取所謂的「非正式責難」，更是要特別注意。

問題員工管理

員工問題有如疑難雜症那樣，令管理者困擾萬分，甚至感到束手無策。廣義說來，「問題」係指「現狀」與「理想」之差距。當這個差距擴大到某一程度通常都會有一些跡象出現。

問題員工管理的對策有：

1.勝任力欠缺的問題員工

- ・透過學習與培訓來改進其工作技能。
- ・透過工作能力強的同事指導和幫助來改進。
- ・轉調到適合其任職條件的職務。

2.工作馬虎易出差錯的問題員工

- ・和善的向他指出其錯誤所在。
- ・詳細指出他工作馬虎的地方，可能造成的不良影響。
- ・與員工一起討論和確定改變差錯的可行建議與方法。
- ・指派一名監督員，示範、指導和回饋，以督促其改善工作不足，提高工作績效。

3.工作績效尚可，但行為習慣欠佳的問題員工

- ・根據工作需要加強工作規則的建立與完備，必要時給予公開、公平的獎懲措施。
- ・在溝通方面，先肯定其努力和表揚其工作績效，再點出工作行為的不足，要求其限期改善。

4.抵觸對抗的問題員工

- ・積極找出員工抵觸對抗的原因（懷才不遇、受到排擠）並予以溝通。
- ・就員工存在的具體行為問題及其後果，予以書面警告。

・解僱（開除）問題員工之前，必須充分考慮員工解僱的合理性和合法性，以使解僱問題員工的負面影響和損失降到最低點。

如果「問題員工」經過規範後仍然未能改善存在的「問題」時，則進一步就要採取相關的懲戒措施，包括最終將他解僱。美國地產大亨唐納・川普（Donald J. Trump）說：「開除員工是一個必要而且是負責任的企業決定。儘管沒人喜歡，但是為了拯救整棵樹，就得修枝剪葉。」

三令五申

《史記・孫子吳起列傳》中記載，孫武剛到吳國做大將軍，吳王闔閭早就聽說孫武對於訓練軍隊很有辦法，就半開玩笑地問他：「孫將軍，女子是否也可以像士兵一樣的訓練呢？」孫武回答：「可以！」吳王馬上就挑選了三百名宮女，並叫兩名寵愛的妃子做隊長，要孫武表演操練。

孫武先把隊伍編排好，然後就嚴肅地對大家說：「擊鼓一聲，向左轉；擊鼓兩聲，向右看齊；三聲，前進，四聲，後退。依鼓聲行動，任何人不得違抗命令。」可是，當鼓聲響起，這些嬌滴滴的宮女覺得好玩，都哈哈大笑，不聽命令。孫武就把口令再解釋一遍，並且鄭重地說：「大家依鼓聲行動，不得有誤，違反者砍頭，隊長要負督導的責任。」當鼓聲又響起，宮女們卻還是笑個不停，不守命令。孫武很生氣，就叫武士把兩個隊長拉出去砍頭。吳王看了，連忙說：「我知道大將軍很會訓練軍隊，請赦免這兩個隊長吧！」孫武卻說：「軍令如山，豈可不遵。」兩個隊長果真依軍法殺了。當孫武下令再打鼓操練時，向左轉，向右轉，前進後退，都非常整齊，再也沒有人敢開玩笑了（〈孫武練兵〉，http://edu.ocac.gov.tw/ebook/show-chap.asp?chap=100039-001-0037）。

曹操割髮代首

《三國志・曹瞞傳》裡有這樣一則曹操「割髮代首」的故事。大意是說：

曹操率大軍討伐張繡，當時正值麥熟時節，曹操發布軍令：無論職位高低，凡踐踏麥地者，一律斬首。軍令一出，曹操大軍經過麥田時，官兵均下馬以手扶麥，小心而過，不敢踐踏麥地。

天有不測風雲，誰知麥地裡驚起一隻鳥兒，曹操騎的馬受到驚嚇，躥入麥田中，踏壞了一大塊麥地。於是，曹操叫來行軍主簿，要求治自己踏麥的罪行。

主簿哪裡敢治曹操的罪，回答說：「丞相是軍中首腦，怎麼可以治罪？」曹操卻說：「我自己制定的法律，如果不對我治罪，怎麼能取信於天下？」於是，他抽出寶劍要自刎。眾人急忙勸阻，這時謀士郭嘉搬出《春秋》書上說的「法不加於尊」的說法來勸告曹操。曹操權衡利弊後，割下自己的頭髮以代自己的頭顱。之後又派人傳令三軍將士說：「丞相踐踏麥田，本該斬首示眾，因為肩負重任，所以割掉頭髮替罪。」

在曹操的時代，還不能做到法律面前人人平等，但曹操作為領導人，主動要求罪加己身，帶頭守法，對維護法律的權威發揮了重要的示範作用，這就是曹操作為政治家的高明選擇（吳兵，http://newspaper.jcrb.com/html/2011-08/02/content_76733.htm）。

結語

犯錯的員工有時就像一個被困在屋頂上的人，處境尷尬，既上不去又下不來，此時，主管若採取強硬手段步步相逼，最後恐將導致這位犯錯的員工狠下心向下跳，結局會是兩敗俱傷的。所以，最適宜的措施方法，就是主動為犯錯的人架一個梯子，給他下台階，使他能夠一步一步的走下來。

後會有期話離職面談

小官公事忙，後會也有期。

——元・喬夢符《揚州夢・第三折》

三國時期，劉備創業前期的首席謀士徐庶因為老母親被曹操扣留，不得不向劉備提交辭呈，劉備百般挽留無果，只得進行最後的離職面談。

面談氣氛懇切感人，劉備不僅放聲大哭，還親自為徐庶牽馬，送了一程又一程，不忍分別，讓徐庶感動得熱淚盈眶，揮手道別走了好幾里後，忽然想起一件至關重要的事，急忙勒馬回轉特意向劉備推薦接替自己的最佳人選，也就是更勝自己一籌的諸葛亮。

這就是「徐庶走馬薦諸葛」的美談，也是劉備所創造的經典離職面談案例，送走一個員工，但卻為他推薦了一個更為優秀的接班者。

離職面談概念

由於「人力資源」為企業最重要的資產，尊重人、關心人是企業用人成功的關鍵。企業界對於員工的離職面談亦愈來愈重視，以期能藉由瞭解離職原因，採取適當改正措施，以亡羊補牢，亦不失為一項強而有力的管理工具。

當員工一旦確定要離開組織，除了標準化的離職作業程序，諸如填寫離職單、離職面談、核准離職申請、業務交接、人員退保、離職證明書、資料存檔到整合離職原因的一系列程序之外，其中離職面談是相當重要的一環。

好聚好散後會有期

企業考慮是否要留人，應該檢視該員工在職期間對企業的貢獻度，也就是從過去的工作績效去衡量值得慰留的價值，以及未來企業經營上有沒有能再給他發展的空間而定。有的員工曾為企業做出了貢獻，然而隨著時間的推移，其個人不僅不能滿足職位上要求的創造價值，甚至成為企業包袱，那麼，是去是留，不言自明。

其次，要考慮該職位空缺下來的替代人選。低階職位，需要的人員素質、經驗不高，就業市場供給量「不缺貨」，這種職位的離職他去，是良性的「更替計畫」，不可強留；但掌握企業機密，離職後對企業會造成某種程度的傷害之職位，也就是在就業市場屬於「稀有族群」的職位，則這些員工提出離職時，要「善待」之，此種員工一旦去意甚堅，留不住時，記得「好聚好散」，天下沒有不散的筵席，人員聚散是職場生態的自然組成部分，要記得衷心祝福離職人員心想事成，不要讓離職人員成為未來公司的敵人。

惠普（HP）創始人之一比爾．休利特（Bill Hewlett）說：「我們不可能阻止員工離開公司，因為人才流動是正常的現象。我的願望就是：讓每一個離開惠普的員工說惠普好。」

辭職員工類型

員工離職的原因千百種，但歸納離職的主要原因，不外下列三個因素：

★外部誘因

競爭者的挖角、合夥創業、服務公司喬遷造成通勤不便、競爭行業在服務公司的附近開張挖角、有海外工作的機會等。

★組織內部推力

缺乏個人工作成長的機會、企業文化適應不良、薪資福利不佳、與工作團隊成員合不來、不滿主管領導風格、缺乏升遷發展機會、工作負荷過重，壓力大、不被認同或不被組織成員重視、無法發揮才能、沒有充分機會可以發展專業技能、公司財務欠佳、股價下滑、公司裁員、公司被併購等。

★個人因素

為個人的成就動機，自我尋求突破、家庭因素（結婚、生子、遷居、離婚）、人格特質（興趣）、職業屬性、升學（出國）或補習、健康問題（身體不適）等。

員工有了上述的情形，他們就會有離職的念頭，產生離職的事實。而個人因素的離職原因，一般是不能強留，至於外部誘因與組織內部推力而提出離職者，主管就要花點時間向即將離職者「虛心」求教，問題出在哪裡，謀求對策。

離職高潮期

從實務面而言，員工的離職危機有三次的波動期。試用期前後的新進人員，因不能適應企業文化的管理模式所造成的離職危機；在職二、三年後，因感受到升遷無望的離職危機；在職五年後，因工作厭倦感所造成的離職危機。

在人力資源開發日益受到重視的時代，留住人才是用人單位面臨的一個非常嚴峻的挑戰，而離職面談正是驗證留住人才的措施有效與否的途徑。新進員工在錄用前要經過面試，則離職時更應該要安排離職面談，用人單位才能知道「進」、「出」之間真正擋路的「絆腳石」是哪一類。縱使企業留人不成，以後再「補貨」時，也可以避免「重蹈覆轍」，以減少「迎新送舊」的「尷尬」場面出現的頻率。

向離職者取經挖寶

本田（HONDA）汽車創辦人本田宗一郎說：「不論何時你想離開公司，請不要客氣，但請讓我們知道你不滿意的是什麼？更好的機會是什麼？」因為尊重人、關心人是企業用人成功的關鍵。

離職面談的作業要領需要把握下列三個步驟，才能體現、落實「以人為本」的精神。

★面談前的準備工作

離職面談地點應選擇輕鬆、明亮的空間，忌諱在主管辦公室內面談，時間以三十分鐘為宜。面談前，要先蒐集、研讀離職者的個人基本人事動態資料（歷年來的升遷、輪調、調薪、降級等）、離職申請書（離職原因）、歷年考核、參加內外部訓練的資料，並從非正式管道探聽出離職的可能原因，這也可讓提出離職者感受到面談主持人對其本人的重視程度，而非在敷衍了事，虛晃一招。

★面談進行時諮詢技巧

有些企業，在與離職員工面談時，設計有離職面談表單來逐項諮詢，以全方位的角度，深入探討真正離職動機，針對外在誘因、內部推力、個人的不可抗力因素找出問題癥結。面談主持人應以開闊的胸襟，坦然面對離職者的「不滿情緒」表達出來的心聲，如對公司制度上有些「誤解」，則稍加說明或解釋，不要讓離職者帶著「恨意」離開。

儘量多聽少說，但也不可當場做出任何肯定的承諾，答應留人的勞動條件。切記，這時來者是「客」，已不是「部屬」，離職者表達的語言雖不中聽，但逆耳之言，骨子裡卻包含忠言之美，俗話說：「忠言逆耳」，一番抱怨之言，正是對企業淋漓盡致的剖析，這對企業興利除弊「百利無一害」，比聘請顧問來診斷企業組織徵候，更為有效。

企業要的是「真相」而不是粉飾太平的「假象」，只有向離職者虛心的取經挖寶，才能找出「病灶」所在。

★告知離職規定

希望透過離職面談而能留下員工「驛動的心」，不要抱持太高的期望，因為通常打算離職的人，在提出離職前，多少都會透露一些「風聲」給要好的同事。所謂「覆水難收」，留下來「面子」掛不住，所以在面談時，在「客氣」的挽留無效後，則必須提醒他，遵守職場的「倫理道德」，辦理移交手續，履行「競業禁止條款」的約束，保護企業的「智慧財產權」，以及離職生效日期前的少請假外出。

★離職資料的診斷

離職面談結束後，應將面談紀錄彙整，針對內容分析整理出其離職真正原因，並且提出改善建議，以防範類似離職原因再度發生。但如果從面談中瞭解到該員工有被挽留的可能性，又值得挽留時，則應馬上向上司傳遞此一訊息，共同設法挽留這位企業「戰士」。

探討離職原因的另類做法

由於大部分離職員工會認為，既然人都要離開了，何必「傷感情」得罪主管，使得離職面談時不想掀開離職他就的「真相」面紗。因此有些人力資源專家建議，企業在人員離職時，給他一份已付回郵不具名的問卷，等他覺得時機成熟時再填回；或者是在人員離職三個月後再寄出調查問卷，目的無非是希望離職員工能在沒有任何心理負擔的情況下「真情告白」，一吐胸中鬱悶。

問卷的設計最好能採開放式題目，例如：

・你決定離開本公司的真正動機為何？
・哪一項因素的改變可能會讓你改變想法，願意再留下來？
・你認為公司在哪些措施方面加以改善，可能會讓你留下來？

如果企業願意傾聽這些「中性人」的心聲，用人單位的主管就不需在一方面「痛失英才」，另一方面又為招募人才的兩難中疲於奔命了！但是也要記得，收到回函後要寄送一份「小禮物」及謝卡，表示感謝，千萬不要做「船過水無痕」，只會「利用」人，而不懂「感恩」的人。

蕭何月下追韓信

楚漢相爭時，劉邦被項羽封在漢中，韓信到漢中投奔他。蕭何認為韓信是個奇才，多次勸劉邦重用他，都被劉邦拒絕。韓信認為劉邦不會重用自己，便離開他走了。

蕭何聽到韓信離開的消息十分焦急，來不及稟告劉邦就親自朝韓信走的方向追去，並成功「攔截」，把韓信追了回來，這是歷史上有名的「蕭何月下追韓信」的故事，也提醒企業內的所有主管，要懂得「識人」、「用人」、「留人」，三者環環相扣，缺一不可，否則，永遠都是替競爭同業在「培育人才」。

帶槍投靠敵營

張忠謀如往常七時起床。搭上前往台南的飛機，查看台積電新廠動土典禮準備事宜，中午返回台北。下午兩點，他的舊屬，前任總經理布魯克要求約訪，張忠謀沒有想到，布魯克此來是為了證實傳聞已久的流言——即將投效聯電。

曾經是三十年舊識，二十年朋友，曾經是悉心提拔的部屬，一夕之間兩人轉為最大的勁敵，張忠謀百感交集，很難釋懷。兩人不多言語，互祝順利後道別（楊艾俐，1998：XXI）。

經驗豐富的前台積電總經理布魯克幾經聯電董事長曹興誠遊說，終於投效聯電，且在布魯克之前與之後不久，台積電副總經理許金榮、財務長曾宗琳及北美行銷業務主管田汝真也跟進轉檯到聯華電子集團（UMC）任職。

當年六十六歲的董事長張忠謀重披戰袍，接任總經理乙職才順利化解這一場接班人離職風暴。

離職員工也是好朋友

人才的流失，是一筆「昂貴」資源的損失，如果不幸人才又投奔到「敵營」（競爭對手）去效勞賣命，奉獻所長，然後回過頭來挖「東家」的人才，那就真的「賠了夫人又折兵」。所以，員工離職之後，原企業應繼續與離職員工保持友誼，把離職員工看待為我們企業外部的一顆「活棋」。

學校歷屆畢業生都有「校友會」的組織，企業對於「離職生」也可創立「廠友會」，利用設立「離職員工網站」，與「離職生」經常保持溝通的管道，一些最新企業「欣欣向榮」的業務成長實績、未來發展計畫、專利產品取得成果與這些早年「叛徒」分享，每年定期邀請他們參加企業大型的慶祝活動（例如週年慶、遊園會、運動會、尾牙聚餐等等），這種堅持與離職員工「終生交往」的觀念，他們就是企業在社會上的「活廣告」，一旦這樣的「離職服務」感動他們，這些離職員工也會推薦優秀人才給「母公司」，甚至也不敢再來「點名挖角」，一舉多得，何樂而不為。

結語

貝恩諮詢公司（Bain & Company）執行董事湯姆·蒂爾尼曾說：「人員流失並非壞事。我們吸引了最優秀和最聰明的人，而這些人往往是最難留住的。我們的工作是創造有價值的事業，使他們多停留一天、一個月或一年。但如果你認為你最終能留住人才，那卻是愚蠢的。應該在他們離職之後繼續與他們保持聯繫，把他們變成擁護者、客戶或者商業夥伴。」

刀光劍影話裁員風暴

劍光揮夜電，馬汗畫成泥。——南朝・梁・吳筠

有五十四年歷史的老字號「旭光牌」台灣日光燈公司，生產各式日光燈管、燈泡、省電燈泡、光觸媒環保涼風扇等，曾經是台灣日光燈最自豪的品牌。但在2008年2月宣布停工了，新竹縣竹東廠員工平均年齡四十五歲，年資多在十五年以上，這些中高齡勞工面對資遣該何去何從，沉重的心情與無奈，從這首打油詩可窺視一斑。

中年失業最可憐，整天在家乾瞪眼；
好的工作沒有緣，只剩清潔和保全。
我的青春一二十年，這種下場不甘願；
唯一收穫只有水銀，在我身體裡沉澱。
家裡米缸空朝天，教育預算大刪減；
國三總要補數學，去借一萬又七千。
沒有辦法去找官員，政黨忙著要改選；

管你公投入聯返聯，我只要我血汗錢。〈旭光照亮台灣半世紀　照不亮自己的工廠！〉，http://www.coolloud.org.tw/node/17631）

美國學者貝瑞納（Harvey Brenner）曾就失業對美國社會的衝擊進行研究。他估計失業率提升一個百分點，在六年間會間接導致三萬七千人因為失業使身心受戕而提早抑鬱而終，這一評估也指出失業（非自願性失業）的痛苦僅低於坐牢、喪偶，是人生最痛苦的境遇之一。

裁員的美化名詞

「資遣」是法律名詞，「裁員」是資遣名詞的通俗說法，而「優退」則是裁員的一種「人性尊嚴」的另一種說法，都是屬於「失業人口」，只是申請「優退」的員工可以領到比《勞動基準法》、《勞工退休金條例》規定給付較高的資遣費，但企業在對外界說明資遣員工時，一般都使用「人力精簡」這個名詞來維持公司良好的「企業形象」。

人為刀俎　我為魚肉

處於經濟不景氣，談到裁員，真的讓人一個頭兩個大。萬一景氣比預期提早回春，過量的裁員可能釀成大災難，公司一時會變得人手不足。相反地，如果裁員人數不足，而不景氣又持續深不見底，公司的營收利潤將不斷滴血。無論是上述哪一種情況，都很可能影響到員工的士氣，所以，善以「算計」的「企業家」就想出了「無薪假」這個在法律上找不到的「名詞」，為在「陰晴不定」的景氣循環中留一點後路，希望企業走到「柳暗花明又一村」的境地時，當春天的「燕子」又飛來了，就可「四兩撥千斤」，將這些放

「無薪假」的「苦力工」，一時視為是人力資源的「負債者」，一夕之間又召回來替老闆「賺錢」了，搖身一變，又成為老闆心目中人力資源的「資產」。

資深劇作家吳祖光，在〈風雪未歸人〉這篇文章中，有一句話是這樣寫的：「從古以來，大多數人的命運都被操作在極少數人的手中，好像刀俎上的魚肉聽人宰割。」這也就是《史記・項羽本紀》說的，「如今人方為刀俎，我為魚肉」的意思（比喻生殺權掌握在別人手裡，自己處在被宰割的地位）。

員工暫時休息

2001年，當網路泡沫化時，全球領先的網際網路解決方案供應商思科（Cisco）公司就曾經端出因應做法，請員工暫時休息，但仍然可以支領三分之一的薪水。思科公司因而節省了支出，也留住了人才。

2008年10月，農業機械製造公司百萬伏特（Megavolt）開始實施每週上班三天，每天上班十小時的做法，使員工有完整空下來的兩天，以尋找其他的兼差工作，既幫助公司，也幫助員工渡過難關（《EMBA世界經理文摘》，2009/02：16）。

裁員是對公司和員工影響重大的一件事，而且沒有簡單容易的做法。公司在思考要不要裁員時，必須平衡「怎麼做對員工最好？」以及「公司如何能夠成功生存下去？」的棘手問題。

資遣員工的動機

經營企業是有風險的，取得訂單就要增加人手來生產，未能取得訂單，就會「坐吃山空」，關門大吉。所以，裁減資遣員工也是雇主的無奈。

一般企業在下列情況即將發生或已經發生時，就會採取資遣員工的動作。

★經濟性裁員（被動性裁員）

市場因素（金融海嘯、歐債問題）或企業經營不善，導致企業經營出現嚴重困難，營利能力下降，為了生存和發展，降低營運成本，企業被迫裁員，以緩解經濟壓力。

★結構性裁員（主動性裁員）

企業提供的產品或服務發生變化，導致內部組織機構的重組、分立、撤銷引起集中性裁員。

★優化性裁員（主動性裁員）

企業為保持人力資源的質量，根據績效考核結果、解聘那些業績不佳，不能滿足企業發展需要的員工。

裁員向誰開刀？

如果企業放「無薪假」後，公司業績仍然未見起色，企業給一些員工的最後一刀就是「裁員」了。在「樂府」民歌中有一篇膾炙人口的〈木蘭辭〉，辭句中一段文字：「小弟聞姊來，磨刀霍霍向豬羊。」這也就點出了在企業決定裁員時，要向誰開刀呢？

- 績效不佳（無法勝任）的人（達到質的契合）。
- 閒置人員（達到量的契合）。
- 健康不佳的員工。
- 技能過時的員工。

- 沒有發展潛力的員工。
- 工作表現不如同儕的員工。
- 幕僚管理職人員／業務人員。
- 三高（高薪、高齡、高職位）族群。
- 拒絕變革者。
- 組織中的特定部門或崗位的員工。
- 組織改組多餘的人力。
- 可外包職種的員工。
- 新進基層人員。
- 外籍勞工。

我眼睛裡都是淚

學者嘉塞說：「失業的歷程是除了死亡外，人生最大的陰暗。」有一位人事經理清晨四點醒來，為公司即將裁員的員工擔心；有一位老闆提醒自己飲食作息必須正常，才能面對裁減員工的巨大壓力；另一位老闆說，他幾個月來眼眶總是濕的。總部位於美國佛羅里達州（Florida），主要從事設計和銷售香水名牌的Perfumania公司，因總部搬到長島，剛剛裁減九十五名員工，人事經理溫蒂・馬勒（Mahler）說：「我需要極力控制自己不情緒化，如果我為裁員痛哭，對何人都毫無好處。」

麻州（Massachusetts）康頓市銳跑（Reebok）運動鞋廠的人事經理霍姆斯（Holmes）說，宣布裁員前要有數週時間儘量做好身體準備，保證吃好、睡好和鍛鍊身體。他說，他的工作是讓員工知道為何被裁、公司為他們提供何種補償，同時設法幫他們找新工作。

在美國舊金山（San Francisco）郊區為其他企業提供招募員工的Accolo公司，從五十四名員工中裁減十二人，公司執行長說：

「這讓人心痛。」他單獨通知每個被裁的員工，他說，這種方式可讓他們獲得尊重（2009/03/08，AA國際版）。

倖存者驚魂未定

船沉了，你成為登上救生艇的少數倖存者（survivor）之一，雖然活了下來，你卻始終被一個念頭折磨著，為什麼倖存者是我而不是別人，這就是所謂的「倖存者綜合症」（survivor syndrome）。心理學家們認為，裁員倖存者的心態與那些大災難倖存下來的人同樣複雜和矛盾。

上世紀九〇年代，組織行為研究者奧尼爾與萊恩於1995年在《管理執行學刊》（*Academy of Management Executive*）撰文指出，工作沒有安全感使人們遭受莫大的工作壓力，出現憤怒、焦慮、怨恨、屈從、過度疲勞、消極怠工，甚至辭職等一系列情感現象。以後其他學者又增加了超負荷、士氣低落、精疲力竭、無效率和易衝突等表現（〈倖存者症候群〉，http://baike.baidu.com/view/3704721.htm）。

裁員後留下來的員工所面對的驚慌，對組織前景的不確定性充滿疑惑，並懷疑他們是下一個被裁員的對象。在看到那麼多同事被掃地出門後，他也不再信任公司了。

裁員對被資遣員工所做的「人性面的考量」，其實是做給在職員工看的。因此，要有完整的「劫後餘生」的溝通方案，讓不走的人留得安心！

柔性裁員的典範企業

裁員，處理得好，可以讓企業獲得重生，處理不好，則可能震垮人心！關於安捷倫公司（Agilent）裁員的感人故事被寫進入了《財富》和《商業周刊》（*Business Weekly*）雜誌，儘管曾歷經困境，但這家公司仍然年年被評為「最佳雇主」。

在裁員過程中，總裁班厚特（Ned Barnholt）非常強調同理心。他在向員工宣布裁員消息時，非常詳細地告訴員工，為什麼需要裁員，公司曾經進行過哪些努力，以及接下來要如何進行這個「痛苦」的流程。「這是我事業生涯中最困難的決定，但我們實在已經沒有其他選擇。」他向員工表示。

接下來，安捷倫清楚公布裁員標準，班厚特並要求所有主管，確保所有被裁撤員工，都由直屬主管那裡得知消息。他送三千位主管接受一天的訓練，透過角色扮演，來學習如何不傷感情地請員工離開。這些做法，讓員工體諒到了公司的難處，心裡也感覺些許的溫暖。一般學者認為裁員後會產生的士氣低落後遺症，並沒有在安捷倫出現，生產力不降反升，有些知道自己即將被裁撤的員工，還主動留下來加班。

安捷倫的例子證明，就算到了必須分手的時候，公司和員工不一定需要反目成仇（《EMBA世界經理文摘》，2002/02：24-25）。

讓我的孩子們痛苦

天下人常以物而喜、以物而悲。艾科卡在1970年12月10日，登上福特汽車公司的總裁寶座時，當時他覺得全世界都在他的腳下。不料，命運之神往往最喜歡捉弄人，俗語說的好：「人算不如天算。」正是此意，他在福特汽車公司當了八年的總裁，卻於1978年，他五十四歲生日當天（10月15日）被亨利・福特（Henry Ford

II）解僱了。最可悲的是，他之所以被解僱，只不過為了個性不合，而非他的能力不足，這對他而言，無異是一個慘痛的打擊。

亨利・福特帶給他無法忘懷的痛苦，他說：「直到今天，我還記得表現在我太太瑪莉和兩個女兒凱蒂和麗亞臉上的痛苦。」

艾科卡被解僱那天下午回到家後，接到小女兒麗亞從網球營打來的電話，她剛從收音機裡聽到我被解僱的新聞，我能夠聽到她在電話裡的哭泣聲。我痛恨亨利這樣對我，更恨他如此做法，他使我沒有機會在全世界都知道以前坐下來告訴我的小孩，這件事我永遠不會原諒他，因為他讓我的孩子們痛苦（Lee Iacocca著，賈堅一、張國蓉譯，1993：178-179）。

小草精神

我（指前裕隆企業集團總裁吳舜文）曾經在一張刊物上，看到一首小學生唱的兒歌，歌名就叫「小草」。

大風起，把頭搖一搖，風停了，就挺直腰。

大雨來，彎著背，讓雨澆，雨停了，抬起頭，站直腳。

不怕風，不怕雨，立志要長高。

小草，實在是並不小！

我希望大家都有小草的精神，也就是一股信心，一股耐心。在風來的時候，暫時順著風，搖一搖，倒一倒；雨來的時候，暫時低著頭，讓背承受雨來澆，等到風雨一過，我們站起來，站穩了腳步，又可以振作精神，奮鬥我們的前程（溫曼英，1993：296）。

如果失業發生在自己的身上，對自己要有信心，「天生我才必有用」、「此處不留人，必有留人處」，千萬不要在被別人「否定」時，自己再來「否定」自己，那就未免太不爭氣了。

結語

裁員本身並不能為企業帶來真正的再生。只有將裁員與其他組織變革措施，如重新確立組織戰略、調整組織結構、改革考核與薪酬制度、再造組織文化和生產流程等結合起來，才能真正使企業走出困境，實現輝煌騰達的經營業績。

劍拔弩張話衝突折衝

省中相驚傳，勒兵至郎署，皆拔刃張弩。

——漢・班固《漢書・王莽傳下》

中國文學史上第一部長篇敘事詩〈孔雀東南飛〉，它用敘述的方式將焦仲卿和劉蘭芝相愛又被迫分離的始末寫出來。詩文中有一段是這樣描述的：「我十三歲能夠織出精美的白絹，十四歲學會了裁剪衣裳，十五歲會彈箜篌，十六歲能誦讀詩書。十七歲做了您的妻子，心中常常感到痛苦的悲傷。您既然做了太守府的小官吏，遵守官府的規則，專心不移。我一個人留在空房裡，我們見面的日子實在少得很。早晨公雞啼叫，我就上機織綢子，天天晚上都不得休息。三天就織成五匹綢子，婆婆還故意嫌我織得慢。並不是因為我織得慢，而是您家的媳婦難做啊！我既然擔當不了（您家的）使喚，白白留著也沒有什麼用。您現在就可以去稟告婆婆，趁早把我遣送回娘家。」

婆媳不和，這個從古至今一直存在的問題。而在職場上，「人多嘴雜」，職場衝突無法避免，若組織內員工皆能有效利用調解技巧來化解衝突，將能撙節企業成本，完成工作任務。

職場衝突概念

衝突（conflict）是指兩個以上相關連的主體，因互動行為（不同看法、意見、立場、價值和利益）所導致不和諧的狀況。在組織裡，由於人員出生背景、興趣及聰明才智的迥異，職場衝突在所難免。衝突不一定就會爆發對抗的行為，它在初始之期可能只是一種態度，這種態度在沒有辦法化解的情況下，然後才慢慢沉澱、發酵。當發生這種狀況時，當事人會覺得生氣，會認為一切都是對方的錯，終於爆發出對抗的行為。

學者湯瑪斯（Thomas）說：「衝突是一種過程，當一方察覺到他方已經或正要對其所在意的東西施以不利的影響時，此一過程即發生。」所以，傳統的衝突觀大概包含以下幾點：

- 衝突是可以避免的。
- 衝突是導因於管理者的無能。
- 衝突足以妨礙組織之正常運作，致使最佳績效無從獲致。
- 最佳績效之獲致，必須以消除衝突為前提要件。
- 管理者的任務之一，即是在於消除衝突。

管理大師彼得・杜拉克曾說：「任何組織，包括人或機構，如果不能為它（他）所置身的環境做出貢獻，在長期下，這個組織就沒有存在的必要，也沒有存在的可能。」所以，主管如果能夠妥善處理衝突管理，對提升組織績效應該有實質的幫助。

衝突意圖

個人在處理衝突之向度包括兩個指標，一是協力合作（一方試圖滿足對方需求的程度），二是堅持己見（某方試圖滿足自己需求的程度），兩者相配的結果，發展出五個衝突的意圖（intentions）。

★競爭（competing，堅持但不合作）

競爭，指僅考慮自己的立場（侵略性），運用權勢，強迫別人聽從命令，而不考慮對方的立場。在組織中，非贏不可的生存競爭，常導致居上位者利用職權支配他人。

★統合（collaborating，堅持且合作）

統合，指的是朝共同目標努力的過程。在統合的情況下，各方的意圖主要在澄清彼此的差異以解決問題，而非順應對方的觀點。

★退避（avoiding，不堅持也不合作）

退避，係指不但不堅持自己的立場（競爭），也不願意考慮對方的看法（順應），只是一味的退縮（按兵不動），避免面對不同的意見，或是延後調整時間，或是以壓抑的方式與他人保持距離（鴕鳥心態，以逃避的方式對應）。

★順應（accommodating，不堅持但合作）

順應，指為求滿足對方的立場，而不考慮自己的立場（願意自我犧牲）。例如，縱使對某人的意見有所保留，卻仍加以支持。

★妥協（compromising，中度堅持且中度合作）

妥協，係介於單純的競爭與單純的順應之間的做法，在彼此的協議下，維持各持己見的看法（雙方皆打算放棄某些事物）。採取妥協策略（雙方讓步）時，沒有明顯的贏家或輸家，而是對利益結果各取所需的解決方案。

要化解衝突，我們不能採取立場導向的談判行為模式，因為這樣一來雙方都會堅持自己的立場，要讓步就很難，談判破裂的機會也就大很多。相反地，我們應該採取問題導向的談判行為模式，從利害切入，滿足雙方的需要，可望化解衝突。

衝突管理

震旦行在民國60年曾發生廣告刊登錯誤，獨自承擔鉅額費用，而博得社會各界「重承諾、講信用」的美意。

當時震旦行委託《經濟日報》刊登一則贈閱啟事。原稿內容係：「剪此印花寄本公司者，贈送全年震旦月刊或精裝實業世界一本。」而在實際刊出時，內容卻誤植為：「剪此印花寄本公司者，贈送全年實業世界。」由於這項贈品在當時頗為罕見，廣告刊出後索閱來函不斷。報社方面對此深表遺憾，並表示願意代為刊登更正啟事。不過震旦行鑑以「誠意、品質、服務」的宗旨，不願失信於社會大眾，仍決定不惜犧牲鉅額費用，凡在廣告刊登三日內來函的讀者，一律按錯誤內容所言，贈與全年份《實業世界》精裝本（鄭紹成，1994：88-89）。

震旦行對這事件的處理是採取順應策略，以滿足對方的立場，而不考慮自己的立場（願意自我犧牲）為出發點，雖然增加一筆為數頗多的費用，但也為震旦行「誠意、負責」的形象，做了一次無價的宣傳和促銷。

降低衝突的方法

在衝突方面，衝突本身並不是問題，如何管理衝突才是一門很深奧的學問，組織產生衝突的原因往往是立場不同，這時，管理者就不能陷入雙方的角度去看事情，而是必須跳到更高的一個層次去看問題，才有辦法將問題釐清楚。

降低衝突，有下列不同的策略或途徑：

- 降低緊張（reducing tension）及敵意（hostility）：鼓勵員工找你聊聊；對員工與員工之間的關係保持敏銳度。藉由這些做法來降低員工的緊張及敵意，以去除情緒的激動。
- 溝通技巧（communication skill）：加強溝通技巧，以改善溝通的水準及程度，儘量將衝突明朗化。
- 議題的數目及規模：如果溝通議題的數目及規模太過於龐大，以致很難駕馭、很難控制的話，則應減縮議題的數目及規模。
- 選擇及變通辦法（options and alternatives）：增加或改進選擇及變通辦法。
- 共同的利益（common ground）：分析衝突，找出造成衝突的直接與間接原因。尋找一些共同的思想、信念或利益作為協議的基礎，就愈能有效地協助解決該衝突。

各項調解技巧皆是透過「對話」進行，在衝突各方清楚陳述自己的立場後，衝突點就能明朗化，而得出各方皆能同意的解決方案。

一條步道終於化解了糾紛

被近代史學家評為美國立國以來最偉大總統之一的艾森豪總統，初任西點軍校（The United States Military Academy at West Point）校長之時，幕僚人員告訴他，校園有一塊方形的中庭，是一塊美麗的草坪，雖然，校方三令五申，同時也在草坪上豎立了一塊牌子：「凡是穿越草坪、踐踏草皮者必受懲處。」但是，每天總有不少學生甘冒被懲處的風險穿越草坪，這種情形令校方不勝煩擾，卻也「沒法度」！

艾森豪校長親臨草坪觀察之後，下令於草坪中央修築「米」字形步道。步道鋪成之後，學生可視需要穿越草坪，校方不需要派人看守，也不需要有一個人專司懲處學生，而學生與學校間的緊張關係自然消除（嚴定暹，2000/12：54）。

解決衝突的方法有三種：以力量取勝、以權利取勝和利益的調和。艾森豪校長避免採用前述兩種方法，他把焦點放在透過第三種方法（利益的調和）解決問題。

古巴飛彈事件

1962年10月27日，約翰・甘迺迪（John F. Kennedy）總統已命令他的海軍包圍古巴，以阻擋滿載飛彈的蘇聯船。美國情報局查出在紐約市撕碎其戰爭的祕密文件的蘇聯外交官。甘迺迪總統已做了「如果蘇聯干預、擊落美國飛機，美國將報復」的決定。不過，最後仍有一架美國飛機被擊落且駕駛員陣亡。

那晚在華府，美國國防部長羅伯特・麥克納馬拉（Robert S. McNamara）讚美壯麗夕陽並懷疑自己是否能再次看到。所幸，甘迺迪總統猶豫了。他決定暫不報復，但加倍外交努力以解決危機。

翌日，蘇聯總理赫魯雪夫（Никита Сергеевич Хрущёв）明智地宣布，將飛彈自古巴撤除。第三次世界大戰終於被避開（William L. Ury, 2001: 117-118）。

《論語·衛靈公》說：「巧言亂德，小不忍則亂大謀。」小事情上不能忍耐，就會打亂大的計謀。所以，為人處世如果能夠忍辱負重，那就是一種韜晦、涵養、胸襟寬廣和目光遠大的象徵。

時間炸彈

西元2000年5月，某家公司的電腦網路管理員被控有罪，因為他故意破壞公司的電腦系統，導致無法修復的傷害。這個網路管理員設計了一支「時間炸彈」程式，永遠刪除掉這家高科技製造業者的所有精密製造程式。這個傷害不僅讓公司丟掉好幾個合約，更造成生產力的總損失高達一千萬美元。

這個人為什麼做出這樣的事呢？因為他在該公司已經服務長達十年，卻遭到降職的處分。於是他著手開發這顆「炸彈」，而在次年他遭到解僱後的兩個星期，他啟動了這顆「炸彈」。

毀滅性事件發生的原因，通常都是肇因於遲遲難以解決的衝突，所以，管理者應該注意並正確管理這些衝突（Daniel Dana著，丁惠民譯，2003：46）。

冤冤相報何時了

西元1141年（日本國保健七年），有一天夜晚，發生了武士「漆間時國」突然遭到一群人於夜間突襲刺殺而受重傷的不幸事件，這是因為「明石定明」欲爭奪權位所導致。當武士臨終前，他的兒子「勢至丸」發誓要替父親報仇。

父親搖搖頭，告誡兒子說：「如果你替我報仇，仇人的兒子一定也要找你報仇，如此冤冤相報，永遠都脫離不了怨恨。你應該捨棄你的怨恨，立刻出家，祈願你的父親能夠獲得菩提。」

「勢至丸」為了遵守父親遺言，不久就前往「那歧山」半山腰的「菩提寺」出家，立志修行，終能免於被怨恨毀滅的厄運，成就一代高僧的偉大法業，他就是日本淨土宗開山祖師法然（源空）上人（慈濟文化編輯組，1997：5）。

所謂「未成佛道，先結人緣。」我們應當學習菩薩慈心廣大，不念舊惡，不憎惡人，以平常心量，化解惡緣，廣結善緣！

結語

衝突管理行為的最終目的是經由雙贏的過程促成正面和諧的人際關係，它不能畫地自限，也不必你死我活，有的只是雙方同情心與同理心的契合；它不只是讓雙方都下得了台，還要以建設性的解決方案讓雙方都上得了台，以建立一個化解衝突的愉悅情境與積極進取的健康互動心境。

Part 8

職場互動

側耳傾聽話溝通技巧

你們當就近我來；側耳而聽，就必得活。

——《舊約聖經・以賽亞書55：3》

美國某鄉下有一對恩愛的夫妻，在一個嚴冬的晚上，老先生為了慶祝其金婚紀念日，與老夫人在他們所熟悉的當地餐館單獨地度過了溫馨的一晚。

回到家後，於睡覺之前，老翁為老妻奉上一杯阿華田（可可亞）以及一片烤土司。老婦接過土司之後突然無語、黯然淚下。老翁緊張、不解地問其何以故？

老婦說：「感謝你在結婚五十年來對我的呵護照顧，可說是無微不至，每個晚上為我準備一杯熱飲料與點心，五十年如一日。但是五十年來都是我在吃土司頭與屁股，過去的就讓它過去也罷，沒想到在今天五十年金婚的重要夜晚，你還是讓我吃土司屁股！」

老翁聽完之後有點激動的說：「……Honey，我一直有個小祕密……我從小就有個特別的嗜好，我喜歡吃土司的兩頭，因為它較硬脆而且較香……結婚之後我都是特地將這頭尾的兩片保留給妳享用，沒想到妳不喜歡……，真是對不起。」（《讀者文摘》／引自：郭聰田，2003：201-202）

國際知名的萬豪國際連鎖飯店（JW Marriott）創辦人威拉德．馬利奧特（J. Willard Marriott）曾經說過，他一生最重要的管理祕訣，簡化起來，就是他在和員工溝通時最常講的四個字：「你覺得呢？」（What do you think?）

訊息的有效傳達

溝通是人際關係中最重要的一部分，它是人與人之間傳遞情感、態度、事實、信念和想法的過程，人際間「交互作用」的成功或失敗，端視我們的溝通能力而定。所以，良好的溝通指的就是一種雙向的溝通過程，不是你一個人在發表演說、對牛彈琴，或者是讓對方唱獨角戲，而是用心去聆聽對方在說什麼？去瞭解對方在想什麼？對方有什麼感受？並且把自己的想法回饋給對方。

溝通有兩個重要目的：一是維持良好的人際關係；二是有效的傳達你想表達的訊息。一般而言，溝通行為可分為非正式與正式溝通。非正式溝通行為，如在大樓內共乘電梯，或在辦公場所的茶水間的搭訕、問候等，在這種場合下，語言修飾是無關緊要的；正式溝通如工作上的拜訪客戶、會議、勞資談判或主管部屬對話等，對語言的掌握，則必須明確而務實。講清楚、說明白，配合承諾的行動，才能為人際溝通的效果加分。

良好的溝通表達並不是舌燦蓮花，口沫橫飛，除了要清楚的「說」，還要誠懇的「聽」，讓對方對你產生信心，才能達到溝通表達的目的。

有效溝通具有下列幾項因素：

- 必須有一個發送人（訊息的來源）。
- 每次溝通一定都有一個目的。
- 意思被編譯為符號。
- 符號經由媒介輸送出去。
- 接收人將符號譯解成有意義的思維。
- 如果發送人與接收人擁有相似的經驗，則接收人較容易體會發送人的心意。
- 「回饋」是溝通的成果，也是我們檢查訊息是否被瞭解的主要方法。（James G. Robbins & Barbara S. Jones著，李啟芳譯，1991：7-8）。

正確的人際關係

在一個組織中，自認為有管理天賦的管理者，往往並沒有良好的人際關係。而在自己的工作上和人際關係上都比較重視貢獻的管理者，往往都有良好的人際關係，他的工作也因此而富有成效。

現代管理學之父彼得・杜拉克在個人的經驗中，認為最具有良好人際關係的人士，有第二次世界大戰時的美國陸軍參謀長馬歇爾將軍、曾任通用汽車公司（General Motors）總裁達三十餘年的史隆（Alfred P. Sloan），以及史隆的高級主管之一杜瑞史達特（Nicholas Dreystadt），其中，杜瑞史達特曾替通用公司成功地開發了凱迪拉克（Cadillac）汽車。

這三位個性各不相同。馬歇爾是職業軍人，嚴肅忠誠，但不乏熱情；史隆生就一副「領導」模樣，拘謹得體，有令人凜然不可侵犯之感；而杜瑞史達特則是一位具有德國「老海德堡人」氣質的人，溫暖而熱情。但這三個人有一項共同點，他們都能忠誠待人，令人樂於親近。他們三人待人的方式雖各有不同，但都把人際關係建立在貢獻的基礎上，他們能與人密切合作，凡事都設身處地替別人著想（Peter F. Drucker著，許是祥譯，2009：64-65）。

有效的人際關係，具有互相溝通、團隊合作、自我發展與培養他人的基本要求，著眼於貢獻。

批評的藝術

聞名遐邇的心理學家史基諾（B. F. Skinner）經由動物實驗證明：「因好行為而受到獎賞的動物，其學習速度快，學習效果亦較佳；因壞行為而受處罰的動物，則不論如何學習效果都比較差。最近的研究顯示，這個原則用在人身上也有同樣的結果。批評不但不會改變事實，反而只有招致忿恨。」（Dale Carnegie著，詹麗茹譯，1991：30-31）

新生的愛情絢麗多彩，長久的愛情崇高偉大；但復甦的愛情則是世界上最溫柔的事情，這是英國文學史上很有名的小說家湯瑪斯・哈代（Thomas Hardy）所寫的一首詩，但是，因為他受到苛刻的批評而放棄寫作；另一位英國詩人湯瑪斯・查特頓（Thomas Chatterton），則為此自殺。

美國奧克拉荷馬州（Oklahoma）的喬治・強斯頓（George Johnston），是一家營建公司的安全檢查員。檢查工地上的工人有沒有戴安全帽，是強斯頓的職責之一。據他報告，每當發現有工人在工作時不戴安全帽，他便會用職位上的權威要求工人改正。結果是，受指正的工人常顯得不悅，而且等他一離開，就又把帽子拿掉。後來強斯頓決定改變方式。當他看見有工人不戴安全帽時，便問是否帽子戴起來不舒服，或是帽子尺寸不合適。他並且用愉快的聲調提醒工人戴安全帽的重要性，然後要求他們在工作時最好戴上。這樣的效果果然比以前好得多，也沒有工人顯得不高興了（Dale Carnegie著，詹麗茹譯，1991：31）。

所以卡內基建議處理人際關係的基本技巧是：不批評、不責備、不抱怨（原則一）；給予真誠的讚賞（原則二）和引發他人心中的渴望（原則三）。

傾聽的力量

有效的管理者懂得必須花相當多的時間與他的部屬、同事與上司做面對面的溝通。當溝通時，為了表示你對對方的重視，你應注意傾聽對方所說的話。「傾聽」是要專注地聽，甚至要有技巧地「積極傾聽」，而非「消極的聽」（教堂的告解室）。

「聽」字由耳朵、眼睛、心與腦組成。在英文裡，所謂的「聽」，其實只是hearing，就生理上來說，聲波經空氣振動，經由耳殼，傳遞到大腦聽神經，聽覺產生。然而真正的「聽」，其實是listening，也就是「傾聽」，不只是聽覺。一分鐘內，我們腦袋可以思考1,000～3,000字，卻只能聽到125～400字。人們常常在聽的時候，想別的事情。只有發訊者，沒有收訊者，溝通效率也就日漸低落。

韓國人李健熙剛成為三星電子集團副董事長。第一天早上，他的父親就以毛筆寫下「傾聽」二字相贈，並告誡他身為企業領導人，應該把「傾聽」視為金科玉律。

《湖濱散記》的作者梭羅（Henry D. Thoreau）說：「如果我們時時忙著展現自己的知識，將從何憶起成長所需的無知？」傾聽代表耐心、開放與想要瞭解對方的誠意，這些都屬於成熟的人格。

溝通如拋球

溝通有三個層次。對上溝通首重培養默契，對下溝通要聆聽部屬的聲音，而平行溝通的藝術在於忘掉自己。

溝通的第一階段，好比一個「拋球遊戲」，雙方在來回傳球中勾勒出共識，培養默契，先聽再說，才付諸執行。與上司溝通要讓對方知道自己不但是會聽指令的人，也是一個有思考能力的人，而且能從各個層面作分析判斷。平行溝通的藝術，就是老莊哲學的「無我」，忘掉自己，站在並排的位置，雙方以相同的立場、同樣的角度看問題，可以揣摩彼此的意向，這樣才容易得到共識，達到溝通的效果（嚴長壽，2000：70-77）。

得不到真相的溝通

日本有一首和歌，大意是這樣說的：在奈良的猿池邊只要有人擊掌，附近茶屋的女人就會以為是在叫喚自己而端茶出來；池裡的鯉魚則以為是人們要餵食牠們魚餌而游近岸邊；鳥兒則以為是要趕牠們離開立刻振翅而飛。像這樣，聽到同樣的擊掌聲，卻因各自立場的不同，而有不同的解釋方法。人類更是如此了，常常會因說錯或聽錯話而產生不同的想法（江口克彥著，林忠發譯，1996：69）。

民國71年，台灣治安史上，第一位持槍搶劫銀行的老兵李師科而轟動全台。警官侯友宜查訪周邊攤販時，一開始就錯了，他幾乎是用誘導式的問法去問麵攤老闆，他懷疑李師科是個精神病患，以為他是「跑」離犯案現場。事後證明李師科是有計畫、有部署地犯下搶案，輕鬆走出現場，一點都沒發瘋。

事後侯友宜被長官檢討，辦案方向弄偏了，也因此浪費許多行政資源。後來他發現，那些非法攤販是因為害怕被開單取締，刻意迎合他的問話，也就誤導辦案方向。

此後，這成了他經驗傳承的重要教案，再三告誡警界新手：現場查訪時要讓當事人多陳述，問話不要有預設立場，才能找出真相（侯友宜口述，陳金章、鄭朝陽整理，2009/06/15）。

書面溝通要簡潔

書面溝通的優點是，使對方可以保存資訊，必要時可以隨時拿出來研究。書面溝通還可以讓分散在各地的許多人，同時看到相同的資訊。在這資訊爆發的時代，書面溝通內容要儘量予以濃縮精簡，寫下的每一句話、每一段文字都應該有所依據，不可無中生有，畫蛇添足。

英國著名的政治諷刺評論作家喬治・歐威爾（George Orwell）曾說：「能夠用簡短的句子表達的，就不要用冗長的句子；可以省掉一個字時，就一定要省掉它；能夠用日常話來表達的，就不要用外來語、科學名詞或專有名詞。」

1940年8月，有「二十世紀風雲人物」的尊號的英國首相邱吉爾（Winston Churchill）對政府的各個部門發出一份備忘錄。這份備忘錄的要旨如下：

1.書面報告的內容，應使用簡短而有力的詞句指出重點。
2.大多數場合最好不要提出正式報告，只要提出列有標題的簡單備忘錄即可；如有必要，再以口頭補充解釋。
3.嗣後不要再用類似以下的例句：

- 將以下所列的各種考慮事項牢記在心，是一件很重要的事……
- 應該加以考慮該項行動，是否具有確能發揮效果的可能性……

大多數這類咬文嚼字、廢話連篇的冗長句子，都可以完全刪除掉或用簡單的詞句取代。不要害怕使用簡潔的句子表達，即使它不夠文雅也無所謂（英國雅特楊資深管理顧問師群著，陳秋芳主編，1989：136）。

結語

一個會溝通的人，不是天天講話的人。通常那些比較安靜的人，才是會溝通的人，因為他知道怎麼觀察你，知道你心裡在想什麼，知道怎麼回答你是最有效的。溝通考驗的是你的同理心、感受能力，還有你表達自己的能力。所以，有自信的人常常是最會聆聽的人、最會溝通的人。

第28堂

光芒四射話幽默談吐

天邊的火紅的雲彩裡有一個光芒四射的太陽，如流動的金球包在荒谷的熔岩中。——魯迅《故事新編・補天》

雪莉・杜華（Shelley Duvall）是美國知名的影星，曾獲得法國坎城影展（France Cannes Film Festival）最佳女主角獎。有一次她搭飛機，鄰座是一位老者。她素來喜歡與人搭訕，於是問道：「請告訴我，你是怎麼做到延年益壽的？」他回答：「我九十二歲了。人常說，生命中有三樣東西是你不能沒有的，那便是金錢、健康和幽默感。如果要你選，你認為其中哪一樣是真正不可或缺的？」

「我想是幽默感。」

「對了。許多人健康不好，渾身病痛，但只要有幽默感，他們總能戰勝病魔；而錢財無足輕重，有些很窮的人活得非常快樂，因為他們開朗知足。」（Dennis Wholey著，尹萍譯，1990：66-67）

在知識經濟時代裡，幽默更是一種潤滑劑，它可以消除人與人之間的疏離感，也可以讓人表現得更有人情味。

「幽默」是外來語

1910年英國哲學家詹姆斯・索列（James Sully）曾經這樣談到「幽默」：「所有語言中，幾乎沒有一個詞彙……比這個人人熟悉的詞更難下定義。」第一個將英語單詞「humor」譯成中文的是中國近代著名國學大師王國維。他在1906年出版了《屈子文學之精神》一書中提到「humor」一詞，並將其音譯成「歐穆亞」，認為「歐穆亞」是一種達觀的人生態度，但並未深入論述，以後也未再議。1924年，中國文學家林語堂在《晨報》副刊上連續撰文，將「humor」的漢譯名稱為「幽默」。

「幽默」一詞，在我國最早出現於中國文學史上第一位偉大的愛國詩人屈原的《楚辭・九章・懷沙篇》：「眴兮杳杳，孔靜幽默。」此處的「幽默」意為「幽默無聲」。然而，「幽默」一詞作為音譯的外來語，與古漢語詞語「幽默」並無關係。林語堂把「humor」譯為「幽默」，一直沿用至今，也被世人冠以「幽默大師」頭銜。他說：「凡善於幽默的人，其諧趣必愈幽隱；而善於鑑賞幽默的人，其欣賞尤在於內心靜默的理會，大有不可與外人道之滋味。與粗鄙的笑話不同，幽默愈幽愈默而愈妙。」

幽默是最佳良藥

幽默感可以增加你的吸引力，當你與人相處感到拘謹時，幽默感能幫助你消除你們之間的生疏與陌生；當你不小心犯了小錯時，幽默又能輕鬆地化解你的尷尬，讓你體面地從困境中解脫出來；機智、雋永的幽默更可以化干戈為玉帛，可見「幽默」是你開啟交際大門的鑰匙（〈如何才能獲得好人緣〉，http://tw.myblog.yahoo.com/puji@kimo.com/article?mid=7789）。

有一次，美國三百二十九家大企業的行政主管參加一項幽默意見調查。調查結果發現，有97%的主管相信：「幽默在企業界具有相當的價值。」60%的主管相信：「幽默感能決定一個人事業成功的程度。」現代人需要幽默語言，如同魚之於水、樹木之於陽光，生活之於鹽一樣。具有幽默感和幽默力量，是現代人應具備的素質之一（吳明玲，2011：前言）。

企業界領導人物已逐漸希望利用幽默力量來改變個人形象，並改善人們對公司的整體印象。這些跡象，說明了一件事，一個人的幽默力量不僅有助於個人生活的改善，甚至於個人的事業前途密切相關。

培養幽默感

從心理學的角度來看，幽默應該是一種人格成熟的表現。幽默感並不是先天的，也有後天培養的，只是發揮的程度與發揮的時機有所不同罷了。

培養個人幽默感可以從以下幾點入手：

- 主動接納各種不同的人、事、物，使性格開朗。
- 時刻保持愉快的心情有助於幽默感的萌生。
- 累積幽默素材，比如看漫畫和笑話，從中體會幽默的感覺。
- 幽默可以從講笑話給身邊的人聽開始。

總之，要想獲得好人緣，先修養自身的品德，心胸寬廣、做人厚道、謙虛和善、真誠待人，以及和好人緣的人結交，這些品德必不可少。其次是要廣交朋友，學會與不同性格的人打交道，全方位的去瞭解他人，針對不同性格的人採用不同的方式對待，多關心他人，同時注意培養自己的幽默感，在交際過程中，幽默往往會助你一臂之力，為你贏得好人緣（〈如何獲得好人緣〉， http://www.ptswh.com/hcy/show.asp?id=2521）。

人際關係的潤滑劑

精神分析學的創始人佛洛伊德（Sigmund Freud）說：「最幽默的人，是最能適應的人。」幽默不是譏笑，不是冷嘲熱諷，不是將自己的嘻笑建築在別人的痛苦上。幽默是出乎對方意料之外的答案，彼此心照不宣，會心一笑，無傷大雅。例如：曾擔任外交部長的錢某，被總統提名擔任國民大會議長。立法委員質詢他：「你是搞外交的，懂法律嗎？到國民大會能夠勝任嗎？」這位部長笑著說：「謝謝你的質疑。我過去在國外是學法律的，回國時也在大學教法律，你這麼說，教過我的老師和被我教過的學生聽到，都會很傷心的。」

議場裡的委員全都笑了起來，沒有人再質疑他的能力。

幽默大師林語堂

幽默大師林語堂在《一夕話》中說，沒有幽默滋潤的國民，其文化必日趨虛偽，生活必日趨欺詐，思想必日趨迂腐，文學必日趨乾枯，而人的心靈必日趨頑固。如果他的妻子廖翠鳳在生氣，林語堂連話也不說一句，保持沉默。倘若真的吵架了，也是吵過就算了，他的絕招是「少說一句，比多說一句好。有一個人不說，那就更好了。」他認為夫妻吵嘴，無非是意見不同，在氣頭上多說一句都是廢話，徒然增添摩擦，毫無益處。

他又說：「怎樣做個好丈夫？就是太太在喜歡的時候，你跟著她喜歡，可是太太生氣的時候，你不要跟她生氣。」廖女士最忌諱別人說她胖，最喜歡人家讚美她又尖又挺直的鼻子，所以林語堂每逢太太不開心的時候，就去捏她的鼻子，太太自然就會笑起來了。

在其著作《生活的藝術》書上說，「那些有能力的人、聰明的人、有野心的人、傲慢的人，同時，也就是最懦弱而糊塗的人，缺乏幽默家的勇氣、深刻和機巧。他們永遠在處理瑣碎的事情。他們並不知那些心思較曠達的幽默家更能應付偉大的事情。」

有一次，林語堂參加台北一所學校的畢業典禮，在他講話之前，上台講話的人都是長篇大論。在大多數與會者期待中，林先生走上主席台，時間已經是上午十一點半了。林語堂面對台下的聽眾，眼神有些令人捉摸不透。他緩緩開口到：「紳士的演講，應當是像女人的裙子，越短越好。」話音剛落，他立即轉身，置無數眼球的注視於不顧，徑直回到自己的座位。台下的人還沒反應過來，都在發愣，全場鴉雀無聲，短暫的靜寂過後，隨即是滿場的掌聲和笑聲（〈細說民國大文人——林語堂〉，yzsyzx.nbyzedu.cn/.../AolEeFiEu1272011101919292）。

好痛！慷慨赴義

在談話中要加入一些妙語，就像在麵糰裡加入一些葡萄乾，才會變得更有味道。例如，順治18（西元1661）年2月，十七世紀的一個大怪傑，五十四歲的金聖歎因「抗糧哭廟案」入獄，被冠上「搖動人心倡亂，殊於國法」之罪而被判坐斬。

劊子手將刑時，他告訴劊子手說：「我腰上掛一口袋，裡面有錢，你須用刃快殺，使我不致痛苦，這袋中的錢你可拿去。」於是劊子手用利刃迅速將他斬首了，然後偷偷將口袋取下，帶回家中，一層一層地拆開，只見裡面並無一物，卻寫著兩個字：「好痛！」

金聖歎臨死卻如此灑脫、幽默，真難得。

幽默，是最能去除難題的雷管，具有把悲劇轉為喜劇的力量，而且只在你一念之間。

幽默化悲為喜

美國第十六任總統林肯的長相不雅，眾所皆知。有一次，他針對有人謾罵他是雙面人的這個問題，回話說：「有人罵我雙面人。我若還有另一張臉，我還會願意帶這張臉來參加集會嗎？」一語雙關，寓諷於答，果然立刻化戾氣為祥和，博得一片喝采。所以，邱吉爾爵士說：「除非你絕頂幽默，否則就無法處理絕頂重要的事，這是我的信念。」

著名的諷刺專家林克雷特（Art Linkletter）建議大家：「當你生氣時，試著想像對方正裸著身子。」這句話的真正涵義是指，當你為一個難纏的人加上一副幽默的影像時，你就掌握了解決問題的絕對優勢（何權峰，1999：263-268）。

在企業裡，一些無傷大雅的笑話，無關大局的小道消息，可以給平淡枯燥的工作帶來活躍的氣氛，使大家緊張的心情得以放輕鬆，不失為減壓的好方法。

靜以幽　正以治

《孫子兵法‧九地篇》說：「將軍之事，靜以幽，正以治。」（譯文：主持軍事之事，要做到考慮謀略，冷靜而幽邃，治理軍隊嚴正而有條理。）英國前首相威爾遜（James H. Wilson）在競選時，演說剛講到一半，有個不同政見者高聲打斷他：「狗屎！垃圾！」很顯然地，這個人的意思無非是要他「少說空話」或「別胡說八道」。誰遇到這種情況都會尷尬至極。可是威爾遜並不理會他的本意，只見他報以寬容的一笑，幽默地說：「這位先生，我馬上就要談到你提出的髒亂問題了。」那位不同意見者萬萬沒想到威爾遜如此「靜、幽、正、治」，頓時語塞啞然。

小心處理幽默

幽默固然有諸多好處，然而使用不當也可能造成副作用，應該標上「小心處理」的字樣。例如，在辦公場所當眾說黃色笑話（猥褻笑話、性愛幽默、對個人忌諱的嘲弄），令在場的女士尷尬，誤碰禁忌的地雷。

我國《性騷擾防治法》第二條第二款規定：「以展示或播送文字、圖畫、聲音、影像或其他物品之方式，或以歧視、侮辱之言行，或以他法，而有損害他人人格尊嚴，或造成使人心生畏怖、感受敵意或冒犯之情境，或不當影響其工作、教育、訓練、服務、計畫、活動或正常生活之進行。」所以，使用幽默時，我們要覺察自己的動機，注意表達的時機，留心他人的反應。我們更要避免譏諷性與戲弄性的言語，以免傷害他人。

結語

幽默是提升情緒生產力的重要武器，也是情緒智商（EQ）高手非有不可的情緒裝備。生活即是學習，我們周遭不乏具有幽默感的人士，可以讓我們學習。我們可以在輕鬆的氣氛中，與他們玩在一起，讓想像飛馳。我們也可以從報章雜誌的幽默小品，或者電視電台的風趣節目來觀察學習。

我為人人話服務奉獻

為人民服務。——中華人民共和國的政治宣傳口號

王永慶十五歲小學畢業後，到一家小米店做學徒。第二年，他自己開了一家小米店。他做生意時，都是將米親自送到顧客家裡。

他首先走到米缸前，把米缸內剩下的米倒出來，裝在另一只米袋內，然後拿出隨身帶著的一條乾淨毛巾，將米缸擦拭乾淨後，再將新米倒入米缸內，然後再把原先剩餘的米鋪陳放在送來的新米上面，這樣米缸內的米就不至於因陳放過久而變質。他隨即拿出一本筆記本，詳細記下米缸體積大小、容量，顧客家有多少人，一天大概吃多少米，下次他就不需要等待顧客來店叫米了，只要在他們缺米的前一、二天，他就會自動把米送上門，等到顧客發薪的日子，再上門收取米款。

當時大米加工技術比較落後，出售的大米裡混雜著米糠、沙粒、小石頭等，買賣雙方都是見怪不怪。他則多了一個心眼，每次賣米之前，都把米中的雜物揀乾淨，這一額外的服務深受顧客歡迎。這種細密的思考方向，這麼體貼的服務精神，由此可知爾後所投資的事業得以成功絕非偶然，而是必然。

為什麼王永慶能將生意做到這種境界呢？關鍵在於他「用心」！用心去研究顧客，研究顧客的心理、研究顧客的需要、研究如何去滿足顧客的需要。不單純賣給顧客簡單的產品，而是將顧客的需求變成自己的服務項目，與產品一同給予顧客。

服務業類別

行政院經濟建設委員會依據我國目前的經濟發展階段，將服務業分為三類：

- **第一類**：隨著平均所得增加而發展的行業（例如醫療保健照顧業、觀光運動休閒業、物業管理服務、環保業等）。
- **第二類**：可以支持生產活動而使其他產業順利經營和發展的服務業（例如金融、研發、設計、資訊、通訊、流通業等）。
- **第三類**：在國際市場上具有競爭力或可吸引外國人來購買的服務業（例如人才培訓、文化創意、工程顧問業等）。

依據世界貿易組織（The World Trade Organization, WTO）服務業分類參考文件（W/120）之分類，服務業計分為十二大類：

(1)商業服務業；(2)通訊服務業；(3)營造及相關工程服務業；(4)配銷服務業；(5)教育服務業；(6)環境服務業；(7)金融服務業；(8)健康與社會服務業；(9)觀光及旅遊服務業；(10)娛樂、文化及運動服務業；(11)運輸服務業；(12)其他服務業。

近年來，美國、德國及日本等先進國家服務業對產出及就業之貢獻多已逾七成，服務業已成為先進國家經濟成長及就業的主要動力。2010年我國服務業生產毛額約9.13兆元，占我國國內生產毛額總值67.05%。整體服務業就業人口數六百一十七萬餘人，占總就業人口數58.84%，服務業已為我國經濟活動之主體，亦為創造就業主要來源（〈「促進服務業發展優惠貸款」歡迎企業踴躍申貸〉，http://www.cepd.gov.tw/m1.aspx?sNo=0015095）。

服務看得見

服務是不卑不亢的態度，提供顧客各項專業建議而得到的成就感。感動服務的接待原則包括：服裝儀容與其重要性、服務人員的基本姿勢、合宜的肢體語言、服務人員的基本用語、服務人員的行為、聆聽（說服）、家常話的技巧、創意的彩虹式接待語、適當的讚美、店面清潔、成功的銷售、瞭解顧客、瞭解顧客的購買心理、熟悉並落實銷售流程、掌握顧客需求、建議合適商品、協助顧客做成決定、連環銷售、結帳時應注意事項、包裝、客製化的銷售等。

萬豪國際連鎖飯店創始人威拉德・馬利奧特說：「只要呵護員工，他們才會更好地呵護顧客。」

額外服務

美國企業管理顧問公司吉姆・洛南（Jim Rohn）說：「一分努力，數分回報。」

前三陽工業公司總經理張國安，在其《歷練：張國安自傳》書上說，當時的業務員都是以招待喝花酒玩樂來吸收顧客，我不善於此道，同時也沒有時間，因為我一個月要拜訪客戶一次，而每次都要在一星期內，跑遍全省近八十家客戶，在任何地方都無法停留太久。

於是我以提供情報來服務客戶。由於銷售磨電燈的，多為電器行及腳踏車零件批發商，他們也兼賣進口的腳踏零件及電器產品。進口貨的行情起落很大，每次我去拜訪他們並向他們收款之前，都先將最新的進口行情及趨勢調查清楚，以便提供他們情報。因此他們看到我都非常歡迎，同時知道我停留的時間很短，會把貨款先付給我。

每次我到顧客處，一定把我們的產品放到一般人容易注意的地方，並把貨架上的灰塵擦掉，以保持產品的乾淨，這是其他競爭者忽略的一點。除了提供商情外，我的另一項「額外服務」是幫忙辦理各種婚喪喜慶。由於各地風俗不同，各有其特殊的儀式和禮俗，不仔細研究是無法知道的。客戶們認為我是台北人，又讀過書，所以比較需要文字的部分都找我幫忙。我常做的工作之一是書寫嫁妝的名稱，例如枕頭二個，必須寫成「枕頭成對」，衣櫃一個必須寫成「衣櫃成座」，其他如「明鏡成座」、「繡靴成雙」等等（張國安，1987：64）。

內部行銷

一般企業的行銷工作，主要是將商品或服務銷售給客戶並滿足客戶的需求，可稱為「外部行銷」。「內部行銷」係指企業將運用於外部顧客的行銷手法，轉而運用在內部員工身上，並將員工視為「內部顧客」。

基本上，內部行銷的基本精神在於重視員工、尊重員工，並以員工滿意為其主要努力目標之一。員工若能心悅誠服、心滿意足接受公司的服務後，願意提供高品質服務給消費者和顧客，與顧客間建立良好的互動關係，此即為「互動行銷」。

外部行銷一般屬於行銷企劃、公關部門的職責；互動行銷屬於業務推廣部門的工作；內部行銷則是人力資源管理部門的職務範圍。

企業希望能夠藉由內部行銷以凝聚內部共識，並透過「員工滿意」（Employee Satisfaction, ES），進而達到「顧客滿意」（Customer Satisfaction, CS），最終目的在於建立具有高度戰鬥力的工作團隊，進而全面提升企業整體績效（林文政，http://media.career.com.tw/college/college_main.asp?CA_NO=334p024&INO=41）。

服務品質

服務品質，是指服務結果能符合顧客設定的標準，更要超出他們的期望，對於顧客來說，服務的好壞不僅是用金錢衡量，心理的感受尤其重要。

客戶通常是根據下列指標衡量企業的服務品質：

- **資產設備**：包括器材、裝備與人員等（例如工作榮譽感、價格、掌握預算等）。
- **可靠程度**：係指可以可靠且正確地執行所答應的事情（例如送報生要在早上六點送來當日報紙）。
- **反應程度**：係指幫助顧客並提供顧客即時的服務（例如誤點班機提供餐飲消費）。
- **信賴程度**：代表員工所具備的知識與禮貌，以及傳達與信心的能力。
- **有形情況**：代表實體設備、設施、人員與顧客溝通的方式

（例如飯店的衛浴設備的清潔、衛生）。

- **接待禮貌**：代表是否友善、體貼、尊重與彬彬有禮（例如給予尊重、承認錯誤、樂於親近）。
- **企業信用**：係指服務人員是否誠實、可信賴（例如誠實經營、職務忠誠、拾金不昧）。
- **便利程度**：係指顧客是否能夠隨時獲得企業的服務（例如臨時提供客戶服務、及時出現）。
- **溝通能力**：係指能否使用適切的言詞說服客戶或使客戶明白所傳達的訊息（例如從客戶的角度看待問題、消除不確定感、應付客戶的預期心理、重視承諾、避免讓客戶措手不及）。
- **瞭解客戶**：係指是否試圖瞭解顧客的需求（例如揣摩客戶真正的意思、瞭解什麼對客戶最重要）。
- **安全至上**：係指顧客是否需冒不必要的風險（例如保密、安全感）。
- **關懷程度**：代表給顧客個人化、關心的服務（例如體貼、同理心、注意細節、提供顧客真正的需要）。（Frank K. Sonnenberg著，友徽顧問譯，1997：93-114）

有愛心，豆漿不會冷

曾擔任第六、第七任中華民國總統的蔣經國，有一次在冬天視察某一部隊，並與官兵共進早餐，發現豆漿是冷的，就詢問為何豆漿是冷的，能否供應給官兵熱豆漿喝。部隊負責人就說，豆漿原是熱的，但部隊人多，待集合好進餐時，豆漿已冷了。

經國先生一時之間也提不出什麼好方法，可以解決這個問題。

但是他隨即提出一個很富哲理的妙法。他說：「如果你們能多一點愛心，豆漿就不會冷，官兵們就會有熱豆漿喝。」

有愛心，豆漿不會冷，小動作大哲理，這就是做主管要有的「關懷度」才能克服「墨守成規」的做法，牢記於心，事無不順（王建煊，1999：221-226）。

敬業精神

一個利用假期到東京五星級的帝國飯店打工的大學女生，她所分配到的工作是清洗廁所。當她第一天伸手進馬桶刷洗時，差點當場嘔吐。勉強撐過幾日後，實在難以為繼，遂決定辭職。但就在此關鍵時刻，這位大學生發現和她一起工作的一位老清潔工居然在清洗工作完成後，從馬桶舀了一杯水喝下去。這位大學生看得目瞪口呆，但老清潔工卻自豪地表示，經他清理過的馬桶是乾淨得連裡面的水都可以喝下去的。

這個舉動帶給這位大學生很大的啟發，令她瞭解到所謂「敬業精神」就是任何工作不論性質如何，都有理想、境界與更高明的品質可以追尋；而工作的意義和價值，不在其高低貴賤如何，卻在從事工作的人能否把重點放在工作本身，去挖掘或創造其中的樂趣和積極性。

此後，當她清洗廁所時，不再引以為苦，卻視為自我磨練與提升的道場，每清洗完馬桶，也總清晰自問：「我可以從這裡舀一杯水喝下去嗎？」

假期結束，當經理驗收考核成果時，這位大學生在所有人面前從她清洗過的馬桶裡舀一杯水喝下去，這個舉動同時震驚了在場所有的人，尤其讓經理認為這名工讀生是絕對必須延攬的人才。

畢業後，這位大學生果然順利進入帝國飯店工作，而憑著這簡直匪夷所思的敬業精神，三十七歲以後，她步入政壇，得到小泉純一郎首相賞識，成為日本內閣郵政大臣，這位大學生的名字叫「野田聖子」（陳幸蕙，2006/10：50-51）。

服侍紳士淑女的紳士淑女

有一次，我大手筆帶著太太住進離家不遠的麗池大飯店（The Ritz London），打算好好享受豪華大床和特別的早餐服務。說也奇怪，我們一踏進飯店大廳，就感覺自己置身在很特別的場所。我是說那裡的工作人員非常熱心，總是會竭力滿足客人的需求，而且那裡洋溢著異常尊重人的氣氛……我一直好奇的看著吧台裡的兩位酒保在調酒，同時我有注意到他們對待客人和同事都很客氣、很尊重。

我這個人就是按捺不住好奇心，因此就問了其中一位酒保：「喂！你們這些人到底是怎麼一回事啊！」他客氣地問我：「先生，你是指什麼事呢？」我接著問他：「你知道的嘛，你們無論是對待客人或是同事，態度都非常親切，你們是怎麼辦到的啊？」

他簡短地答道：「哦，因為麗池一向認為麗池的員工都是服侍紳士淑女的紳士淑女。」我告訴他，我覺得這句話很動人，但是我還是不太明白。他直直地望著我說：「要是我們達不到紳士淑女的標準，就別想在這裡上班！這麼解釋你就明白了吧？」

我聽了拍案叫絕，笑著表示我全明白了。（James C. Hunter著，張沛文譯，2005：182-183）

這就是「將心比心，人人歡心」的最佳服務詮釋了。

結語

服務是一種商品，其品質和效果決定於消費者的心理體驗。優質服務關鍵在人心，處理好和顧客、上司、同儕等各種關係，將會成為被企業、同事和顧客滿意的人。所以，良好而滿意的服務，讓人上天堂。

千鈞一髮話危機管理

其危如一髮引千鈞。　　　——唐・韓愈〈與孟尚書書〉

日本戰國時代有一位豪傑山中鹿之助，他經常向神明祈求七災八難。他說：「我要藉著神明賜給我的各式各樣災難，考驗自己，磨練自己、惕勵自己。一個人的志氣和力量，必須歷經重重的折磨之後，才會顯現出來。」

日本經營之神松下幸之助說：「聽了山中鹿之助祈求災難的故事，使我想起了獅子教子之道。老獅子為了要考驗小獅子，故意把小獅子推到谷底，讓小獅子在危險的環境中，自己努力掙扎，設法從谷底上山頂。小獅子要從谷底爬到山頂，必須歷經無數次的挫折：摔倒又摔倒，最後遍體鱗傷到了山頂。牠千辛萬苦抵達山頂那一刻，才會體驗出依靠自己的力量克服困難的氣魄與力量。山中鹿之助的祈求災難，與老獅子為小獅子刻意製造困境，雖是異曲，卻有同功之妙。」（郭泰，1988：155）

印度詩人泰戈爾（Rabindranath Tagore）說：「我不祈禱免於

危險，而是要在面對危險時不要恐懼；我不要求停止我的痛苦，而是要有勇氣克服痛苦；我不要在焦慮恐懼時渴望被救，而是希望有耐心贏得我的自由。」

危機管理概論

危機的概念可以回溯至古希臘時代。「crisis」在希臘文中為「crimein」，其意義即為「決定」（to decide）。故危機是決定性、關鍵性的一刻，是一件事的轉機與惡化的分水嶺，是生死存亡的關頭，是一段不穩定的時間和狀況，迫切到要人立即做出決定性的變革。

企業經營風險因子如同病菌般，隨時隨地隱藏於經營環境中，而成功及安逸的環境會腐蝕經營管理者的鬥志及淡化危機意識。所以，有「股神」之稱的巴菲特（Warren E. Buffett）說：「風險是來自於你不知道你在做什麼。」如何讓企業成員重視風險管理，是當今企業不可忽視的課題之一。

危機發展階段

危機管理，是指透過必要的危機意識、危機處理、危機控制，以達到危機解除為目標。危機管理專家史蒂芬・芬可（Steven Fink）提出「危機發展階段論」的主張。

★階段1：危機潛伏期

危機管理成功與否的關鍵，在於事前準備功夫是否完善，才能從容不迫的應變。因此，對企業來說，必須列出一張危機評估表，詳列出可能發生的危機，並且評估它們的等級，依發生的可能性，從最可能到不太可能發生依序排列。

★階段2：危機爆發期

一般來說，危機發生的頭幾天，通常是比較緊張的時候，例如發生於1989年3月24日午夜，美國埃克森公司（Exxon Corporation）油輪瓦迪茲號（Exxon Valdez）在阿拉斯加州威廉王子灣觸礁，導致1,100萬加侖原油的漏油事件。在最初幾天，企業必須和時間賽跑，分秒必爭；等過一陣子，就是一些例行工作，當然還是必須處理危機相關問題、面對媒體，但是緊急性已經大幅降低了。

★階段3：危機解決期

危機是危險，更是轉機，機會是當你很適當的處理危機時，自然而然會隨之而來的。

★階段4：危機解除後

在危機處理暫時告一段落後，首先要探討危機產生的原因，是人為疏失，還是外在所無法控制的因素？危機在發生後，如果經由妥善處理，而得到正面效果，則是一項值得驕傲的事（周燦德，〈危機處理〉，頁1-2）。

防範人事風險的對策

每家公司在人事管理中都可能遇到風險，如招聘失敗、新政策引起員工不滿、員工捲款逃跑等，這些事件很可能會影響公司的正常運轉，甚至會對公司造成致命的打擊。

風險分析就是透過風險分類、風險識別、風險估計、風險駕馭、風險監控等一系列活動來防範風險的發生。

- **風險分類**：一般按照人事管理中的各環節內容對風險進行分

類，如招聘風險、績效考評風險、工作評估風險、薪資管理風險、員工培訓風險、員工管理風險等項。

- **風險識別**：它就是主動的去尋找風險產生的遠因、近因與內外在經營環境的關係。
- **風險估計**：它對風險可能造成的災害進行分析，包括人、財、物、地等。
- **風險駕馭**：它是解決風險評估中發現的問題，從而消除預知的風險對策。
- **風險監控**：當舊的風險消除後，可能又會出現新的風險。針對上述這幾個環節要連續不斷追蹤，才能形成有效的監控機制。

「泰利諾」止痛膠囊事件

「泰利諾」（Tylenol）是美國嬌生集團（Johnson & Johnson）在七〇年代末八〇年代最具競爭力的產品之一，作為一種替代阿斯匹靈（Aspirin）的新型止痛藥，是美國日常保健用品中銷售量最大的品牌。

1982年9月底，美國芝加哥（Chicago）地區連續發生了多起因使用該公司生產的含有劇毒的氰化物的「泰利諾」止痛膠囊而中毒的事件。消息一經報導，一下子成了全國性新聞，消費者紛紛對「泰利諾」避之而惟恐不及。

中毒事件發生後，嬌生集團立即擬定了一項重振計畫，在弄清事件真相和原因之前，警告所有的用戶在事故原因未查清之前不要服用「泰利諾」膠囊，全美所有藥店和超級市場都把「泰利諾」膠囊從貨架上撤下來。

後來查明，此藥根本無毒（美國食品與藥物管理局懷疑有人故意打開包裝，在藥中加入劇毒氰化物再以退貨為由退回給藥店）。在檢查清楚了氰化物不是在生產過程中被投入膠囊內這一事實後，嬌生集團為了阻止消費者對「泰利諾」膠囊恐慌情緒的蔓延，除了提供及時準確的資訊給媒體報導外，還在全國範圍內回收處置此一產品現貨，並向各家醫院（診所）和藥店提供相關事件的最新資訊；另一方面，聲明暫時將「泰利諾」膠囊生產改為藥片生產，並以優惠價格鼓勵消費者服用不易遭受蓄意破壞的「泰利諾」藥片。

嬌生集團真誠的、富有道德感的做法得到了公眾的理解，產品重新獲得公眾信任，很快的擺脫了「泰利諾」事件的危機，走出了經營困境（〈案例37嬌生公司的危機處理藝術〉，http://www.docin.com/p-205232415.html）。

對於「泰利諾」止痛膠囊事件，嬌生集團的危機處理過程，給予我們的啟示有：

- 立即快速組成危機處理小組。
- 掌握媒體並發布正面訊息，以展現誠意及負責任態度。
- 發布發生過程及處理情況，以保護消費者安全為最優先。
- 設立消費者專線，以回答及解決消費者任何的疑慮。
- 產品包裝安全性改良，並促銷回饋消費者。

以上做法不但化危機於無形並獲得消費者認同，也為企業形象加分（林政陽，2004/08：28）。

日本雪印乳業事件

2000年6月26日，日本發生了第二次世界大戰以後最大規模的食物中毒事件。關西地區共有一萬四千人由於飲用日本雪印乳業食品公司生產的低脂牛奶而中毒發病，出現不同程度的上吐下瀉現象，其中一名八十四歲的老太太，在喝了雪印牛奶中毒後引發其他疾病而去世。危機發生後，受害者依據《製造物責任法》對生產問題牛奶的雪印乳業提出索賠，並贏得訴訟。

經過查證，雪印「問題牛奶」的起因，是生產牛奶的脫脂奶粉受到黃色葡萄球菌感染，而奶粉之所以受到感染，是因為雪印乳業大樹工廠突然停電三個小時，造成加熱生產線上的牛奶繁殖了大量毒菌。

事件發生後，雪印乳業沒有及時妥善處理，導致此一事件，就如滾雪球一般，越滾越大，終至業務一蹶不振，相關子公司不得不關門謝罪，使得辛苦經營七十餘年累積的商譽就此煙消雲散。

這一事件值得我們借鏡之處有：

- 各部門推拖拉，拖延了公布狀況，加深了消費者的恐慌。
- 迴避媒體採訪，對消費大眾知的權利不關心。
- 高層管理輕忽誠信之重要及媒體之影響度。
- 各廠未立即同步改善處理（效應逐漸被擴大）。
- 未跟員工溝通造成內部負面消息一再的被媒體披露而不發一語。

這就是因為對危機的漠視與輕忽，而讓企業付出關廠、歇業的慘痛代價（林政陽，2004/08：28-29）。

「千面人」下毒事件

「千面人」（consumer terrorist）的意思，是歹徒經過喬扮，出入不同的商店，在食品內放毒，再用匿名信恐嚇勒索企業的罪犯。

全世界第一起「千面人」下毒案發生於西元1984年，日本知名糖果公司「固力果」的老闆遭到歹徒綁架，雖然最後成功脫身，但歹徒繼續寫信威脅，恐嚇要在糖果中放氰化物，勒索三億日圓，儘管他出現在便利商店的影像被監視器拍了下來，警方卻始終沒有把他逮捕到案，歹徒當時以「怪盜：21面相」自稱（〈「千面人」的由來——為何他叫「千面人」？〉http://blog.sina.com.tw/qq1200/article.php?pbgid=8568&entryid=3255）。

在台灣，最令大家印象深刻的「千面人」犯案，是發生在台南縣仁德鄉（現在行政區改稱台南市仁德區）的一家雜貨店，遭歹徒在店內將其所販賣的統一鋁箔裝飲料內以針筒注射的方式下毒，隨即向統一公司勒索一千五百萬元。統一公司也立即向警方報案，警方則在很短的時間內，逮捕此人歸案。

這件台灣版「千面人」事件發生後，統一公司隨即掌握來自各方的訊息與事件最新的發展狀況，進行沙盤推演，模擬各種可能發生的狀況與因應對策。統一公司基於負責的態度，將流通在全省各地的七十多萬包的鋁箔裝飲料全部回收、銷毀，這個動作，馬上引起社會上的正面迴響，原先所處的逆境地位，完全改觀，公司商譽、知名度與各項產品銷售量均扶搖直上。

統一集團創辦人高清愿說：「千面人下毒危機，讓我們切身體會出，危機與契機，往往是一體兩面，處置得當，化險為夷不說，還能因禍得福，所謂『禍兮福所倚』就是這個道理。」（高清愿、趙虹，2001：51-52）

靈感來了

禮品教父法藍瓷創辦人陳立恆，早年在接下艾迪亞餐廳（民謠演唱）不久，不知道這樣開門待客的生意，難免有三教九流的麻煩。某天一個窮凶極惡的逃犯，拿著西瓜刀，來者不善地到餐廳向我要跑路費，我當時內心著實驚恐萬狀。但表面上，我還得要強自鎮定，畢竟餐廳裡有其他員工與客人，任何一個受了傷，都是我這個負責人不能負擔的後果。

於是我硬壓下恐懼，隨便胡謅了一個道上大哥的名字，問他有沒有事先和這位大哥打過招呼，誤讓對方以為艾迪亞是這位大哥罩的場子。他聽了半晌，終於摸摸鼻子空手走人。不難想像，如果我當時有一丁點遲疑或閃失，一場血光之災在所難免之外，還可能連餐廳都經營不下去了。

我當時完全沒有準備好，可是著急於大家的人身安全，為了解決這個危險，只好用最快的速度理清自己與對手的處境，就福至心靈冒出了這些話，而類似的危機處理越來越多以後，我發現當問題出現的時候，如果我可以放空自己，調整自己的心態，冷靜地隨著內心的感受而行，解決問題的方法，往往就手到擒來，用一個最簡單的詞句形容，就是「靈感來了」（陳立恆，2011：51-52）。

結語

危機管理是現代企業必須修行的課題，從預防、處理到善後，每一個階段都馬虎不得，唯有謹慎小心，才能將危機化為轉機，重建企業聲譽，千萬不要只是怨天尤人，必須誠意面對問題，找尋適當的解決方案。《樂在工作》（*The Joy of Working*）一書作者魏特利（Denis Waitley）說：「悲觀者只看機會後面的問題；樂觀者卻看見問題後面的機會。」樂觀者，在每次危機裡看到機會，悲觀者，則把危機視為危險。

和藹可親話人際關係

原來，這唐六軒唐觀察為人極其和藹可親，見了人總是笑嘻嘻的。 ——清・李寶嘉《官場現形記・第二十九回》

有一個小鎮很久沒有下雨了，令當地農作物損失慘重，於是牧師把大家集合起來，準備在教堂裡開一個祈求降雨的禱告會。人群中有一個小女孩，因個子太小，幾乎沒有人看得到她，但她也來參加祈雨禱告會。

就在這時侯，牧師注意到小女孩所帶來的東西，激動地在台上指著她說：「那位小妹妹很讓我感動！」於是大家順著他手指的方向看了過去。牧師接著說：「我們今天來禱告祈求上帝降雨，可是整個會堂中，只有她一個人今天帶著雨傘！」大家仔細一看，果然，她的座位旁掛了一把紅色的小雨傘；這時大家沉靜了一下，緊接而來的，是一陣掌聲與淚水交織的美景。

受人讚美是人類的基本要求，更是健全的人際關係的基礎。佛光山星雲法師說：「給人歡喜，給人信心，給人希望，給人方便。」在職場上，從這個故事我們可以體會出給人信心、希望，這就是人際關係。

人際關係的涵義

人際關係（interpersonal relationships）是人與人之間透過思想、情感和行為表現的相互交流影響歷程所形成的一種互動關係。科技產品成為許多人的主人，控制了人們的時間與心靈，疏離了人際之間的關係，愛情、親情、友情等都受到科技的影響。人們透過產品更容易溝通了，但溝通的品質卻可能變差了。

西方現代人際關係教育的奠基人戴爾・卡內基說：「一個人事業的成功，15%靠專業知識，85%靠人際關係和處世技巧。」另一位人際關係大師哈維・麥凱（Harvey Mackay）也說：「世界上成功者最重要的特徵是，創造人際關係、維繫人際關係。」

在美國南加州的電影工業好萊塢（Hollywood）流行一句話：「一個人能夠成功，不在於你知道什麼，而是在於你認識誰。」所以，人脈是一個人擁有邁向財富成功的門票，好人緣絕對會比別人得到更多的資源。

人際交流分析理論

美國心理學家哈里斯（Judith R. Harris）認為，基於生理與心理上的發展，個人會經歷四個階段：

★階段1：我不好，你好（別人的壓力與自身的無力感）

覺得自己很不好、很不行，而別人都很好、很行。這可能是成長過程中，充滿了被批評與不受肯定所造成的。

★階段2：我不好，你也不好（雙方均出現問題的狀態）

認為自己是不好的，但別人也一樣，都是不好的，也就是「天下烏鴉一般黑」的心態。這可能是因為早期受父母照顧經驗不良的影響所致。

★階段3：我好，你不好（形成攻擊性格）

認為只有自己是好的，別人都是不好的。因此，對別人沒有一點基本的尊敬。這可能因為在幼時受到父母虐待，而發展出的生命信念。

★階段4：我好，你好（自尊自重而又容納他人）

相信人大體上都是好的，因此喜歡與人交往。在幼時經成人協助與回饋，而學到自己是好的、有價值的，所發展的生命信念。

此種分析可引導出很實用的自我改造技巧。每個人都活在自己建構出來的主觀世界，各有自己的觀點與角度，對事物的態度自然不同。

人際關係的第一步是要接納對方就是這樣的人。

周哈里窗

周哈里窗（Johari Window）這個理論由美國社會心理學家約瑟夫·洛佛（Joseph Luft）和哈里·英漢（Harry Ingham）在1955年提出，由兩人名字的前兩個字母命名。「窗」，是指一個人的心，就像一扇窗。

普通窗戶分為四個部分，人的心也是如此，它展示了關於自我認知、行為舉止和他人對自己的認知之間在有意識或無意識的前提下形成的差異，由此分割為四個範疇：

- **開放自我**（Open Self）：面對公眾的自我塑造範疇。
- **盲目自我**（Blind Self）：被公眾獲知但自我無意識範疇。
- **隱藏自我**（Hidden Self）：自我有意識在公眾面前保留的範疇。
- **未知自我**（Unknown Self）：公眾及自我兩者無意識範疇，也稱為潛意識。

開放區愈小，人際關係愈不好，因為良好的溝通取決我們對自己及對別人開放的程度。當個人對自己的認識愈多，瞭解愈深，也愈能夠清楚地向他人表露自己內在的想法、態度、情感、喜惡、專長等等，讓別人更加瞭解、認識我們，這就是自我揭露，而別人對我們的反應和回饋，也會進一步增進自我的認識與瞭解。

經由自我揭露與回饋，我們更加認識自己、他人也更加瞭解我們。因此，增進自我的認識（亦即設法縮小盲點區與未知區的比例），從而可促進自我與他人之間的溝通愈能從隱藏、未知、盲點部分邁向開放部分，就愈能改善人際溝通技巧。

交易郵票的概念

有一次《與成功有約》（*The 7 Habits of Highly Effective People*）的作者柯維（Stephen R. Covey）住進某家旅館的第一天，客房部經理打電話來為服務不周表示道歉，並招待他用早餐。只為了一位服務生送飲料到他的房間時，遲了十五分鐘，雖然我並不在乎。這名服務生若不主動報告，沒有人會知道，但是他承認錯誤，使顧客獲得更好的服務（Stephen R. Covey著，顧淑馨譯，1997：121）。

當我們接受了別人衷心的讚美，等於收到了金色郵票（gold

stamps），金色郵票的兌現，便把這種快樂感染他人。反之，當一個人受到責怪或否定時，便收到褐色郵票（brown stamps），儲存了褐色郵票，便容易把這種不愉快的情緒加諸他人身上，所以褐色郵票即是一種不平衡的行為表現。如果你在家裡，太太嫌你賺的錢太少，你收集了一張「生氣」的褐色郵票；到公司，上司又責備你工作不賣力，你又收集了一張「生氣」的褐色郵票；中午吃飯，同事說你點的魚太難吃，你又收集了一張「生氣」的褐色郵票……，如此日積月累，如果你每次都不立刻處理，這種情緒有一天就會爆發出來，就會說：「我再也不能忍耐了」、「我要辭職」或「我要離婚」，甚至自殺、殺人等。

所以情緒一產生馬上處理最好。但是有時候情境與時機不對，還是必須按捺情緒，再儘快找到適當機會加以處理。例如：開會的時候，上司講了一些事讓你很生氣，但是如果你當場發作，可能使他、也使你自己下不了台。你只好暫時壓抑，一等到開完會，馬上到他的辦公室，清楚地把你的感受對他表白。如此一來，既不會讓你收集「褐色郵票」到後來對他破口大罵，也兼顧到所謂選擇「適當情境」表達，讓你和對方都能在比較理性的場合處理情緒。

良好的人際關係不一定使你成功，但不良的人際關係可能是讓你失敗的因素。

刺蝟寓言

亞瑟・叔本華（Arthur Schopenhauer）在他著名的刺蝟寓言中闡明了他對人類關係的冷漠看法：

寒冷的冬天，一群刺蝟為了取暖，靠得愈來愈近，當太接近時便互相刺痛對方，只好分開，之後冷得發抖，又重新靠近，又刺痛對方，周而復始，這就是人際關係的縮影，要取暖，就得移近，也就冒了被刺痛的危險。

人際關係上，必然會有令人失望的時候；與親密的人相處，也難免會起摩擦。要避免摩擦和傷害，唯一的辦法就是保持距離。這個過程循環幾次後，終於找到最舒適的距離，既不會太冷，也不會刺痛彼此。所以，叔本華在這個寓言的結尾說：「自身擁有大量內在溫暖的人寧可遠離社會，以避免給予和接受困擾與煩惱。」

前國際商業機器公司（IBM）董事長小湯瑪士・華生（Thomas Watson Jr.）說：「世上沒有什麼東西可以取代良好的人際關係及隨之而來的高昂士氣。要達到利潤目標就必須借重優秀的員工努力工作。但是光有優秀的員工仍是不夠的。不管你的員工多麼了不起，如果他們對工作不感興趣，如果他們覺得與公司隔膜重重，或者他們感覺得不到公平對待，要使經營突飛猛進簡直就難若登天。良好人際關係說來容易，我認為最重要的還是要時刻不忘力行其事，同時要確實知道經理人員是正在和你一起同心齊力的。」

寬恕與感恩

兩個好朋友不知為了什麼事情爭執起來，其中一個人打了另一個人耳光，被打的人於是在沙上寫下「今天我的好朋友打我一個耳光」。

他們繼續向前行，口愈來愈渴，就在這時候，不遠方突然出現一池清水，兩個人拔開腳步奔去，立刻趴下來大口猛喝。沒想到，被打耳光的這個人身體一直往下陷，原來他不小心踩到流沙，另一個人沒有多做考慮，一把抓住他，賣力拉他起來。這個人被救起來之後，拿起美工刀在石頭上刻下「今天我的好朋友救我一命」。然後繼續前進。這時，另一個人終於忍不住問道：「為什麼我打了你一個耳光，你在沙上寫下一句話；我救了你一命，你要刻在石頭上？」

那人回答：「人一生最有福氣的事情是，當別人對不起你時，心裡的疙瘩能像寫在沙上的字一樣，隨風消逝；當別人對你好、幫助你時，心中的感謝，會像刻在石頭上的字，永誌不忘。」（黑幼龍，2003：237）

結語

在印度，人們走進廟時，一定會坦蕩上身，藉此表達對神的敬意；猶太教徒就一定會在頭上帶頂小帽子，因為舉頭三尺有神明。懂得尊重每個人表達意見的方式，就能看到表達方式背後的「本意」。尊重別人表達意見的自由，對於增進彼此間的關係一定會有極大的助益。所以，非洲叢林醫師史懷哲博士（Albert Schweitzer）說：「世界上有一樣東西，你分享出去以後，不但不會減少，反而增加，那就是——快樂。」

Part 9

樂活職人

眾志成城話共好精神

四海歸仁，眾志成城，天下治理。

——後蜀・何光遠《鑑誡錄・卷七・陪臣諫》

有四個人分別名叫
每個人、某些人、任何人和沒有人
有一項很重要的任務要完成
每個人都被要求去做這項工作
每個人都相信某些人會去做，任何人都可能去做
但是卻沒有人去做
某些人對此感到很生氣，因為那是每個人的工作
每個人都以為任何人都能去做那個工作
然而卻沒有人領悟到每個人都不會去做
最後，當沒有人做那件每個人都該做的事時
每個人都責怪某些人。（Richard Denny著，邱媛貞譯，1995：

121）

這段話從側面指出了團隊精神在集體中的重要作用。一個團體是否有凝聚力，取決於團體中每位成員的團隊合作精神，就像上面那段話所講述的，如果每個人都相互推拖，以為別人會去做事，那麼結果就是誰都沒有去做反而互相指責。這說明了在團體中，成員應該具備團隊精神，否則，這個團體就沒有凝聚力，人心渙散，一無所成。

團隊合作概念

西諺：「眾人的腦袋勝過一人的腦袋。」中國社會甚至流傳有「三個臭皮匠，勝過一個諸葛亮」的說法，表達了對透過團隊合作來集思廣益所寄予的高度信任。有效的團隊合作，的確能提升企業的競爭力，並達成高品質的決策；不過，合作失敗的團隊則可能造成「三個和尚沒水喝」的後果。

團隊就是由兩個以上的人所組成，具有特定的工作目標，有待團隊成員共同協調努力，才能完成目標。1994年，美國聖地牙哥大學（University of San Diego）的管理學教授斯蒂芬・羅賓斯（Stephen P. Robbins）首次提出了「團隊」的概念——它是為了實現某一目標而由相互協作的個體所組成的正式群體。

英文裡的「合作」（cooperation）一詞，源自兩個拉丁字：co（「與」的意思）和opus（「工作」的意思）。所以，照字面說，「合作」是指與他人一同工作。一個人無論多麼能幹、多麼聰明、多麼努力，若不能與人合作，事業上絕不會有大成就，也無法享受工作的樂趣。

通往成功的大道是用合作關係鋪設而成的。和衷共濟的團隊，是以合作的精神達到團隊之最大利益及目標，也就是互相體諒、互相學習、互相合作、共同承受痛苦、享受喜樂、成就自己與成就他人的團隊。

追求卓越的團隊合作

團隊合作是一種為達到既定目標所顯現出來的自願合作和協同努力的精神。它可以調動團隊成員的所有資源和才智，並且會自動地驅除所有不和諧和不公正現象，同時會給予那些誠心、大公無私的奉獻者適當的回報。如果團隊合作是出於自覺自願時，它必將會產生一股強大而且持久的力量。

籃球比賽時五人一隊，其中一人為隊長，候補球員最多七人。比賽時，五名隊員的位置角色分別為小前鋒（small forward）、大前鋒（power forward）、中鋒（center）、得分後衛（shooting guard）和控球後衛（point guard），需各自就其角色擔負搶攻和防守的分工職責，又須和隊友密切合作，求取全隊和個人成績。美國加州大學洛杉磯分校（University of California, Los Angeles, UCLA）籃球聯盟的前教練約翰·伍登（John Wooden）在四十年的教練職涯中，其球隊贏球的比例超過八成。他常說：球隊獲勝的三要素是：體能、球技和團隊合作。其中「團隊合作」最難捉摸（李隆盛、賴春金，2006/10/10）。

凝聚向心力的方法

橄欖球教練克努特·羅克尼（Knute Rockne）說：「車子要啟動，一定要有火花點燃油料帶動機械。所以，我讓每名球員覺得自己就是啟動全隊力量的火花，彷彿球隊的成功，全得靠他。」所以，凝聚向心力的方法有：

- 行動要果斷，但必須確定自己的決策是深思熟慮的結果，而不是一時的衝動。
- 使自己的行為與信念有適當的風格，藉以建立清楚的、一貫的、誠實的模式，以使部屬有所遵循。
- 保持沉著鎮靜，懂得等待最佳時機才下決定和採取行動。
- 創造在團隊中充滿熱忱的氣氛，激勵每個人都願意好好表現，從工作獲得成就感與自尊心。使每個人在追求組織整體目標的過程中，都扮演重要的角色。
- 對工作團隊中每位成員的需求與期望，必須具有敏銳的感覺。要經常留意彼此的溝通情形，以及成員的工作能力發展情形。
- 對團隊的組織結構與每位成員的職責，應界定明確的規範，以避免因彼此的衝突而削弱了整體的力量。
- 認清最能激勵部屬的方法，善加利用這些激勵的方法，以使他們的表現能達成標準與目標。
- 不要給部屬太多限制束縛，但是要規定他們可以自由發揮的限度。

高績效團隊特質

團隊是由一群擁有共同目標的人所組成，他們經由群體合作達成目標，並共同感受其成功的經驗。美國企業作家肯・布蘭佳（Ken Blanchard）以PERFORM（績效）這個單字的每個字母來闡釋高績效團隊的特質。

Purpose and values

對組織目標與價值具有共識。

Empowerment

團隊中每個人都有學習和成長機會，願意為其他成員付出，分擔責任。

Relationship & communication

良好的工作關係與溝通。

Flexibility

彈性。

Optimal productivity

追求最適的生產力。

Recognition & appreciation

肯定與讚賞。

Morale

高昂的士氣。

雁群理論

根據野生動物學家研究指出，野雁以人字形（或V字形）隊伍飛行時，每隻雁都鼓動翅膀，產生上升氣流創造浮力，讓緊跟在後的雁隻飛得輕鬆，減輕飛行時所需耗費的體力。所以野雁以人字形隊伍飛行時，整隊航程比單隻野雁至少多出71%。

當領頭雁疲乏時，會退到後面，由後頭的雁隻遞補上去。而且後頭的野雁會用鳴叫來鼓勵前頭的雁隻奮勇向前。當一隻雁生病或遭遇槍傷而脫離隊伍時，其他兩隻野雁會跟著脫隊降落陸地來協助和保護牠，而且會留到生病或受傷的雁隻能飛或死掉為止。至此，牠們再歸隊／成隊起飛。

個別單打獨鬥就好比獨自飛翔的野雁，團結合作則呈「人」字隊形飛翔的野雁（雁群理論，http://www.bliayad.org/articles/pages/0117.htm）。

常山之蛇

企業之間的競爭，是一種團隊競爭，不是個人的表演。從事團隊競爭，最重要的條件是團隊精神。《孫子兵法‧九地篇第十一》說：「率然者，常山之蛇也。擊其首則尾至，擊其尾則首至，擊其中則首尾俱至。敢問：『兵可使如率然乎？』曰：『可。』夫吳人與越人相惡也，當其同舟而濟，遇風，其相救也，如左右手。」

常山之蛇，當你打牠的頭，尾巴就過來支援；打尾巴，頭就過來救應；打牠的腰部，頭尾就會同時互相救援，這正說明孫武很重視軍隊的協同作戰、相互支援的重要性，使能克敵致勝。

對於企業而言，隨著組織規模愈來愈大，用常山之蛇的比喻來提醒在流程中要首尾呼應、百分之百的相互信任、互相除錯、互相改正有毛病部分（debug），確保流程的準、穩、精、速。

天堂與地獄之別

上帝在天堂和地獄各開一桌宴席來招待客人。餐會後，聽說天堂那桌的人吃得皆大歡喜，酒足飯飽；地獄那桌的人卻沒吃到東西都餓死了。

上帝覺得非常奇怪，就派天使到天堂和地獄分別實地調查，結果發現問題出在每個人所用的那一雙筷子都很長，以致自己想要挾菜給自己吃都搆不到嘴巴，也因此地獄的那些人應是要挾給自己吃卻吃不到，而食物都掉落桌下糟蹋在地上，所以每個人才會餓死。但天堂的那些人就不是這樣，當他們發現到筷子很長後，就先問對方要吃什麼菜，然後用筷子挾給對方吃，對方也如法炮製，把自己喜歡吃的菜送來自己的嘴裡，差別就在這裡。

這則寓言告訴我們：要生存就要互相合作，這樣才能團結進步。

共好精神

印地安人（Indians）的祖先得自中國人的傳說，而有了「Gung Ho」的生活智慧。共好是中文「一起工作」的意思。

所謂「共好」，指的是人人以正確的方式做正確的事情，而且得到正確的報酬。企業要推行共好，應該一切都始於松鼠共同價值的凝聚，海狸的自律及和野雁團隊互相鼓舞的力量等精神。

★松鼠的精神（有價值的工作）

- 明白我們讓世界變得更好。
- 每個人都朝共同的目標前進。
- 一切的計畫、決定、行動，都以價值觀為依歸。

★海狸的方式（掌握達成目標的過程）

- 範圍界定清楚的方向。
- 想法、感受、需求與夢想，受到尊重、獲得關心並付諸實現。
- 培養工作能力，同時面對挑戰。

★野雁的天賦（互相鼓舞）

- E=MC²這個公式說明熱情（Enthusiasm）等於任務（Mission）乘以現金（Cash）與喝采（Congratulations）。
- 喝采代表一種肯定，肯定別人的方法有兩種：一種是表態式的肯定，一種是意識型態式的認同，必須兩種齊備，才能達到共好（Ken Blanchard & Sheldon Bowles著，郭菀玲譯，2000：170-176）。

鷸蚌相爭

戰國時代，趙國準備攻打燕國，蘇代為了燕國而去遊說趙惠王，說：「今日我來貴國，經過易水時，看見一隻河蚌正張開蚌殼曬太陽，一隻鷸鳥衝下來啄牠的肉，河蚌立刻把雙殼緊閉，夾住鷸鳥的長嘴。鷸鳥說：『今天不下雨，明天不下雨，很快你就變成死蚌。』河蚌也說：『今天不放開你，明天不放開你，很快你就成了死鷸。』就在牠們互不相讓之際，一個漁翁經過，把牠們一起抓走了。現在趙國將攻打燕國，如果燕、趙兩國長時間僵持不下，兩國的老百姓都會疲憊不堪，我擔心強大的秦國將成為那個不勞而獲的漁翁。所以，希望大王對於出兵之事能考慮周詳。」趙惠王說：「好吧！」於是便停止出兵去攻打燕國。

這個故事所闡述的即為「鷸蚌相爭」這句成語，後來人們把這句成語用來比喻雙方爭利，互不相讓，結果反而使第三者從中得利，故常與「漁翁得利」連用。

結語

勞資關係有如常山之蛇，要有良好的經營理念和有嚴謹的紀律，尤其是在遇到危機時，更要上下皆能發揮同舟共濟的精神，打組織戰，密切配合，有機動性，上下同心協力，發揮整體力量，方能興旺發展。否則，各個袖手旁觀，自生自滅，組織只好解體，各作鳥獸散了！

巧奪天工話創新點子

人間巧藝奪天工，煉藥燃燈清晝同。

——元・趙孟頫〈贈放煙火者〉詩

1972年，美國民主黨大會提名喬治・麥高文（George McGovern）競選總統，對手是共和黨的理查・尼克森（Richard Nixon）。但是在這次大會中，麥高文宣布放棄他的副總統競選夥伴參議員伊高頓（Eagleton）。

一位十六歲的年輕人看到了這個機會，立刻以五美分的價格，買下了全場五千個已經沒用的，麥高文及伊高頓的競選徽章及貼紙。然後，他以稀有的政治紀念品為名，馬上又以每個二十五美分的價格，出售這些產品（《EMBA世界經理文摘》，2000/09：146-147）。

這個年輕人成功的原因，在於他能用另一種角度思考，並且非常迅速地把握住這個別人認為無用的東西，將其看成可貴的機會，這種勇於創新、掌握機會的精神，使得這個年輕人日後能看到其他人沒有看到的機會，他就是日後大名鼎鼎的微軟公司創立者比爾・蓋茲。

《易經・乾卦》說：「天行健，君子以自強不息。」《禮記・大學》：「湯之，《盤銘》曰：茍日新，日日新，又日新。」這都說明了創新的重要。

贏在創新

創新（innovation），是科技公司的存亡關鍵。對傳統公司而言，創新也許只是一個值得有的競爭優勢，但是對科技公司來說，創新卻是必須存在的競爭條件，若沒有創新，科技公司很快會被淘汰。

被譽為「國際第一營銷管理大師」的知名學者傑・亞伯拉罕（Jay Abraham）在《突破現狀，創新思考》（*Getting Everything You Can Out of ALL You've Got*）一書中指出，要在事業或生涯上創造突破，祕訣是更聰明地做事，而不是更努力工作。要更聰明地做事，就要學會創意性地思考，並且努力落實這些想法，才能創造突破。

似我者死！

唐代著名大書法家李邕（李北海）說：「似我者死！」就是警告一般學他書法的人不可依傍門戶，而必須自闢蹊徑，自惕自勵，力求創新。美國捷藍航空（JetBlue）創始人兼執行長大衛・尼勒曼（David Neeleman）說：「創新是企圖找出比以前更好的方式。」也就是只解決問題讓事情做得比以前更好（《晶圓雜誌》，2005/03：4-5）。

台積電（TSMC）總裁張忠謀說，創新是從英文的「innovate」翻譯過來，在韋伯字典中，「innovate」是「make changes」，不僅要真的動手去做，還要「Do something in a new way」。在這裡「Do」這個動詞完全點出「innovate」的真諦：不但要嘗試新東西，還要確切執行。「innovation」絕不能只是紙上談兵，而是要真正去做，而重賞創新的成功是最重要的祕訣。重賞成功，不在乎失敗，唯有這樣才能鼓勵大家大膽嘗試創新，才會有夠多的人願意在社會上大膽創業，或是在公司裡大膽創新。

創新的前提

史蒂夫・賈伯斯總愛引用畫家畢卡索（Pablo R. Picasso）的名言：「好的藝術家懂複製，偉大的藝術家則擅偷取。」他從不認為借用別人的點子是件可恥的事。賈伯斯給的兩個創新關鍵字是「借用」與「連結」。但前提是，你得先知道別人做了什麼。賈伯斯的創新構想之所以層出不窮，其中一個原因，就是他一輩子都在探索看似不相關的新事物，書法藝術、印度教的沉思冥想、賓士轎車的精細做工。他連結它們，創造席捲全球的產品。

歷史上最偉大的天才發明家是義大利文藝復興時期美術家、自然科學家、工程師的李奧納多・達文西（Leonardo da Vinci），在他的筆記本中出現了許多令人驚訝的創意，從潛水艇、直升機到自動鑄造排字機等等，但是憑著一千五百年前的科技和材料，並不足以將這些創意轉變成創新。這些構想就這樣一直靜靜地躺在筆記本中，等到有創意者出現，將他們製作成真正有用的東西。例如，蘋果電腦並非憑空想出整套滑鼠和圖像系統介面，這是全錄（Xerox）的點子，蘋果電腦卻將它變成在商業上可行的概念。亨利・福特（Henry Ford）曾說，我並未發明什麼新東西，我只是把人們在幾個世紀以來的工作累積發現加以整合，建造成一部汽車。

彼得・杜拉克在其著作《創新與創業精神》（*Innovation and Entrepreneurship*）書中提到，目標明確而且透過分析、系統化和辛勤工作所達成的創新，可以說是創新實務的所有內容，因為它至少涵蓋了有效創新的90%。成功的創新者左右腦並用，他們觀察數字和資料，也觀察人們的行為。

1956年，福特汽車賣得不好，艾科卡想出一個新穎的計畫——先付20%的頭期款，其餘分三年分期付款，月付五十六美元，就可以買車。三個月內，費城銷售區就從全國最後一名變成第一。這個構想獲得總部採用，艾科卡也升任華盛頓特區區域經理（《大師輕鬆讀》，2004/06/03-06/09：19）。

我思故我在

「我思故我在」（Cogito ergo sum）是法國哲學家笛卡兒（René Descartes）的哲學命題，採用所謂「懷疑的方法」，譯為「我思想，所以我存在。」意思是認為當我在懷疑一切時，卻不能懷疑那個正在懷疑著的「我」的存在。因為這個「懷疑」本身是一種思想活動。而這個正在思想著、懷疑著的「我」的本質也是一種思想活動。這裡的「我」並非指的是身心結合的我，而是指獨立存在的心靈。

笛卡兒對數學最重要的貢獻是創立了解析幾何，他成功地將當時完全分開的代數和幾何學聯繫到了一起。在他的著作《幾何》書中，笛卡兒向世人證明，幾何問題可以歸結成代數問題，也可以透過代數轉換來發現、證明幾何性質。而在物理學方面，他在《屈光學》中首次對折射定律提出了理論論證。

麥當勞的創新

源源不斷的創意，並不能讓企業成功創新，還需文件的執行力。麥當勞速食企業（McDonald's Corporation）的創始人不叫麥當勞，他叫雷・克洛克（Ray Kroc），他到五十二歲才踏入速食業，卻在短短十年內改變了美國人吃的習慣，並使麥當勞成為速食業的佼佼者。

世界上第一家麥當勞是1940年在美國加州的聖伯納蒂諾（San Bernardino）誕生的，由麥當勞兄弟（Richard and Maurice McDonald）創造出的牛肉漢堡，風靡一時。但是，他們未能預見麥當勞（McDonald）的發展潛力，而將麥當勞的觀念、品牌以及漢堡等產品，賣給了芝加哥的一個生意人克洛克，讓他繼續經營。

克洛克以獨特的行銷策略，將麥當勞發揚光大，變成今天規模數十億美元的龐大企業。因為克洛克抓住了麥當勞兄弟原先忽略的機會，改變原有的經營模式（創新思維），因而創造自己事業生涯上的突破。接著他以連鎖店的方式經營而在全世界開花，麥當勞也就成為二十世紀下半葉最有代表性的全球化的消費文化象徵。

3M的創新

以創新創造價值，是3M歷經百年不敗的獨門功夫，不斷地從創新中獲利。2005年，波士頓顧問公司（Boston Consulting Group）公布「全世界最創新的20家公司」的調查結果，高居第二名的企業正是成立於1902年的3M，全名是「明尼蘇達礦業與製造公司」（Minnesota Mining and Manufacturing Co.）。

在一般消費通路上常看到的3M產品，包括利貼便條紙（post-it）、魔布拖把、菜瓜布、防水OK繃、電腦護目鏡、車用反光貼紙等，其實只是3M產品中的一小部分，它還跨足光學、電子、通訊、醫療、安全防護、工業等領域，擁有相當多樣跨領域的專利，用核心科技為客戶量身訂製解決方案、讓創新發明對準需求、不斷滾動出新價值，是它成長的祕訣。

3M相當重視客戶的聲音，當員工聽取客戶的需求後，利用技術平台的交互研發應用，發展出上千種的創新產品。知名的道路反光交通標誌就是這麼來的，它是因為聽到客戶抱怨夜晚開車視線不良，於是利用膠帶的塗布技術，加上顯微複製科技，將光線折射，能在遠距離提供駕駛人最佳反光強度以辨識路標，又可節省路燈的設置。

有時候一家公司無法創新的原因，不是因為沒有好點子，而是受到內部流程和人事的阻擾。麥可奈特（McKnight）在1907年加入3M，在1949～1966年間擔任3M董事長。許多人認為，麥可奈特最大的貢獻在於：樹立了一個鼓勵員工主動提案（initiative）和創新的企業文化。因此，波士頓顧問公司推舉3M為創新企業的理由是：「公司內部瀰漫著濃烈的創意文化，提供正式的誘因以激勵創新。無論是在健康照護、工業零組件和其他領域裡，將創見轉化成獲利商品的成功率非常高。」（許文俊，http://www.managertoday.com.tw/?p=360）

創意提案制度

當競爭者對經濟環境抱持觀望態度的時候，不如大膽採取一些創新行動，也許可以替公司帶來意想不到的突破。日本現行的提案制度，是在1951年（昭和26年）5月「豐田汽車」首先推行。它根據美國福特汽車公司的提案制度，以創意工夫制度開始鼓勵員工

「一邊工作，一邊思考如何讓工作更好」，讓員工一定要在自己本身的工作範圍內思考要怎樣做、要如何改善讓工作更好。2005年，日本豐田汽車愛知廠有六萬件創意提案，平均每一位員工提出十一個創意，公司上上下下的每位成員，時時刻刻用心發掘可能隱藏的浪費，透過提案改善制度，將每個人的智慧與潛力，發揮到淋漓盡致。

豐田汽車為了激發員工提出創意的意願，每個創意提案最低五百日圓的獎金，最高則有二十萬日圓獎金。員工有任何新想法，都可以寫紙條提報上去，提出自己的創意，創意正式提出前要跟上司溝通，這樣的好處就是員工有機會可以跟上司交流，上司也有機會可以瞭解員工的想法。例如，「輕鬆座椅」讓工人坐在吊臂前部的座椅上，就能輕鬆地出入狹窄的車內空間，以輕鬆的姿態來作業。這個創意在1994年榮獲了「科學技術長官獎」（〈Toyota員工創意提案制度〉，http://nest.pro/node/61）。

泰山企業總裁詹仁道說：「部屬提出80%完善的提案，若被長官修改為100%完美，交還給他執行，他會做到80%的完美。倘若長官不加以修改，是100%支持他執行，他會做到100%的完善。」

岳陽樓記的創作

創新是跳出框框的思考，將點子具體實現的能力。例如，在中國古文學中，有一篇膾炙人口、千古傳誦的好文章〈岳陽樓記〉，作者是宋朝的范仲淹。他把巴陵勝狀描繪得淋漓盡致，近千年來無人能出其左右。但根據考證，范仲淹並沒有親自登上岳陽樓，而是他被貶官至河南鄧州後，聽他岳陽的友人張尚陽的描述，才使得〈岳陽樓記〉寫得好像作者親歷其境，真不簡單。尤其那兩句「先天下之憂而憂，後天下之樂而樂」不僅使岳陽樓有恢宏的氣度，而且有了「心憂天下」的境界而永垂不朽。

創新不限於產品、技術的突破，每一個領域都有創新的可能，打破慣性（inertia），每個人都有創新的能力。

結語

老子《道德經》上說：「道，可道，非常道。」任何觀點，都有可以遵循之處，但是，不可處處、事事都不變的遵循。創新不是天上會自動掉下來的東西，它是要經過苦思及累積工作經驗後才能水到渠成。2001、2002年半導體產業不景氣，台積電人才流失不少，董事長張忠謀送給每位主管一個水晶牌子，上面寫著「拿出辦法來」。因此，在專業能力的培養上，接受磨練與耐操，才能從中湧現創意。同時，鼓勵創新唯一之道，就是不懲罰失敗，又給予成功重賞。

分秒必爭話時間管理

大禹聖者，乃惜寸陰，至於眾人，當惜分陰。

——《晉書・陶侃傳》

電話的發明在人類科技的演進上，站有舉足輕重的地位，也是連結人與人之間溝通，不可缺少的重要工具。發明電話的聾啞教育家貝爾（Alexander G. Bell），於1876年2月提出專利，當天另一位發明人葛雷（Gray）也提出申請，其主要構想與貝爾接近，但是慢了三小時。不管當時落後的葛雷如何懊惱，氣得跺腳，嘆息不已，就是改不了那一紙專利所有者的名字，那一次決定命運的三小時。

就這樣，貝爾不但為他個人贏得種種名利，數年後搖身一變而成巨富，且榮獲海德堡、哈佛、牛津等大學的名譽博士學位。

法國文豪伏爾泰（Voltaire）說：「時間是個謎，最長又最短，最快又最慢，最能分割又是最寬廣、最不受重視而又最珍貴，渺小與偉大都在時間中誕生。」

時間管理理論的演進

有關時間管理（time management）的研究已經有相當歷史。猶如人類社會從農業革命演進到工業革命再到資訊革命，時間管理理論的演進也可分為四代：

- 第一代理論著重利用便條與備忘錄，在忙碌中調配時間與精力。
- 第二代理論強調行事曆與日程表，反映出時間管理已注意到規劃未來的重要。
- 第三代理論目前正流行，講求優先順序的觀念，也就是依據輕重緩急設定短、中、長程目標，再逐日訂定實現目標的計畫，將有限的時間、精力加以分配，爭取最高的效率。
- 第四代理論根本否定「時間管理」這個名詞，主張關鍵不在於時間管理，而是在於「個人管理」（Stephen R. Covey著，顧淑馨譯，1997：127-128）。

自我管理

「時間管理」這四個字，並不是指以時間為對象而遂行的管理。由於時間總是按著一定的速率來臨，並且按著同一速率消失，因此時間本身是無從管理的。「時間管理」的正確意涵，應該是指面對時間而進行的「自我管理」（self management）。

貝司拉罕公司的總經理查理斯・胥瓦柏（Charles Schwab）問管理顧問李艾維（Ivy Lee）一個問題：「我要如何才能用我的時間做更多事呢？」李艾維給了胥瓦柏一張紙，並且說：「將你明天要做的事情一一寫下來，並將它們依照重要次序排列下來，從早上開始做第一件事，並且持續做到這件事情完成。如果你的先後次序沒有更改，就接著做第二件事。以此類推，在你的先後次序表上的事情都要確實做好，不管花多長時間。」

幾個星期之後，胥瓦柏給了李艾維一張二萬五千美元的支票，並且說，這是他所上過最有收穫的一堂課。

彼得‧杜拉克說：「日理萬機的主管，要達到有效的管理，第一步是清楚的知道自己是如何運用時間的。」

「鵝卵石」的故事

有一次上時間管理的課時，教授在桌子上放了一個裝水的罐子。然後又從桌子下面拿出一些正好可以從罐口放進罐子裡的「鵝卵石」。當教授把石塊放完後問他的學生道：「你們說，這罐子是不是滿的？」

「是。」所有的學生異口同聲地回答說。

「真的嗎？」教授笑著問。

然後教授再從桌底下拿出一袋碎石子，把碎石子從罐口倒下去，搖一搖，再加一些，再問學生：「你們說，這罐子現在是不是滿的？」這回他的學生不敢回答得太快。最後班上有位學生怯生生地細聲回答道：「也許沒滿。」

「很好！」教授說完後，又從桌下拿出一袋沙子，慢慢的倒進罐子裡。倒完後，於是再問班上的學生：「現在你們再告訴我，這個罐子是滿的呢？還是沒滿？」

「沒有滿！」全班同學這下學乖了，大家很有信心地回答說。

「好極了！」教授再一次稱讚這些「孺子可教也」的學生們。稱讚完了後，教授從桌底下拿出一大瓶水，把水倒在看起來已經被鵝卵石、小碎石、沙子填滿了的罐子。

當這些事都做完之後，教授正色地問他班上的同學：「我們從上面這些事情得到什麼重要的功課？」班上一陣沉默，然後一位自以為聰明的學生回答說：「無論我們的工作多忙，行程排得多滿，如果要逼一下的話，還是可以多做些事的。」這位學生回答完後心中很得意地想：「這門課到底講的是時間管理啊！」

教授聽到這樣的回答後，點了點頭，微笑道：「答案不錯，但並不是我要告訴你們的重要資訊。」說到這裡，這位教授故意停頓一下，看著全班同學然後鄭重地說：「我想告訴各位最重要的資訊是，如果你不先將大的『鵝卵石』放進罐子裡去，你也許以後永遠沒機會把它們再放進去了。」

對於工作中林林總總的事件，可以按重要性和緊急性的不同組合確定處理的先後順序，做到鵝卵石、碎石子、沙子、水都能放到罐子裡去（〈鵝卵石的故事〉，http://www.wretch.cc/blog/josephanita/15581721）。

80/20法則

1897年，義大利經濟學者帕列托（Vilfredo Pareto）發現了80/20法則（Pareto Principle），這個原本應用在市場行銷的概念，其實可以應用在很多地方。它指出人可能會耗用80%的工作時間卻僅獲得20%的成果，這種成果稱為次要成果；人要追求的應該是僅用總工作時間的20%卻獲得80%的成果，這種成果稱為主要成果。時間管理就是要幫助人們做事情可以達到主要成果而非次要成果。

要達到主要成果首先要區分什麼事是「想做的」和「真正要做的」，然後多留點時間給重要的事情。換言之，須先找出事情的輕重緩急，別浪費太多時間在想做但不重要的事上。

《追求卓越的熱情》（*A Passion For Excellence*）作者湯姆・彼得斯（Tom Peters）和南西・奧斯汀（Nancy Austin）曾經提出一個有趣的問題：一位工作表現特優的人會不會因為忽略文件的處理而被開除？他在書中舉個例子：「荷蘭皇家殼牌集團馬來西亞分公司的一位主管有一次突然氣沖沖的跑進董事會中，將一大疊公文攤在會議桌上，理直氣壯地問到：『你們到底要我去填公文還是去探勘石油？』這個人後來變成分公司的負責人。」

在最重要的事情上所花的時間應是其他事情的很多倍，在重要的事情上，不要吝惜時間和精力。

輕重緩急

一般我們處理的事情分為重要的事情和緊急的事情，如果不做重要的事情就會常常去做緊急的事情。比如鍛鍊身體保持健康是重要的事情，而看病則是緊急的事情。如果不鍛鍊身體保持健康，就會常常為了病痛煩惱。又比如防火是重要的事情，而救火是緊急的事情，如果不注意防火，就要常常救火。這正如同被稱為美國革命之父的班傑明・富蘭克林說過的一句話：「你大可以凡事拖延，但時間卻不會等你。」

勤奮、運氣或靈活的手腕固然重要，卻非關鍵。唯有掌握重點才是成功的不二法門。辨別事情的輕重緩急，急所當急，充分授權，是個人管理之鑰。

節省時間的妙方

《淮南子・原道訓》說：「故聖人不貴尺之璧，而重寸之陰，時難得而易失也。」一寸光陰和一寸長的黃金一樣昂貴，它用來比喻時間十分寶貴。我們應優先處理高績效貢獻度、高時間緊迫性的要事，對於低績效貢獻度、低時間緊迫性的閒事，則可暫緩或直接剔除。

節省時間的妙方有：

- 事先規劃好你的時間與步驟，以收事半功倍之效。
- 分析工作的優先順序，按照輕重緩急做處置。
- 找出自己最有效率的時段以安排工作內容。
- 整理你的辦公桌及辦公室，提升工作效率。
- 進行充分的授權，將工作分配給部屬、助理或祕書。
- 活用記事本管理時間。
- 運用各種有效的時間管理工具。
- 改變拖延的習慣，即時行動。
- 技巧地對待訪客，讓時間的控制權握在自己手上。
- 練就健康的身體，保持身心最佳狀況。（〈節省時間的十個妙方〉，http://www.aaronchang.com.tw/service-4.htm）

在摩西聖經的時代，所謂的奴隸是一個人擁有別人的身體。可是在1980年代起，做主人的擁有的卻是別人的時間；不能掌握自己時間的，就是奴隸。

微軟的工作哲學

有一次微軟創辦人比爾・蓋茲來巡查，看見我（指吳若權）貼在電腦旁的「to do list」（待辦事項）列了二、三十項。

「為什麼列這麼多？」他問。

「是呀，我們就是有這麼多事要做。」我據實以告。

「你做得完嗎？」他又問。

「做不完，頂多做十項。」我老實回答。

「做不完幹嘛列那麼多？這不是自欺欺人嗎？」他問得我啞口無言。

根據比爾・蓋茲的觀察，上班族一天頂多完成七項工作，所以一天列出七項就夠了，最重要的是要列出優先順序，把最核心的事情處理好，其他不急不趕的事情就慢慢來。而如此一來，我發現每一個人其實都列了許多可做可不做的事情在「to do list」表上，而精力和時間就這樣被分散掉了（吳若權，2005：129）。

壓力警訊

德國哲學家叔本華說：「生命是時間的累積，因此浪費時間即是慢性自殺。」

時間的浪費導致的壓力警訊有：

- 認為自己無可取代，沒有人能夠做你的工作。
- 沒有時間做你真正想做而且該做的重要工作。光是每天的突發狀況，就消耗掉你的時間，而你的時間必須完成的重要工作只能一而再、再而三地拖延下去。
- 一次承擔太多事情，從不說：「不」，自以為能夠做好所有的事。
- 一直處在有壓力的狀況。總是覺得工作進度落後，永遠沒有好好掌握工作的希望。
- 習慣性（不是偶發的）超時工作。準時下班變成夢想，一天工作十到十二小時是家常便飯。

- 準時下班時會有罪惡感。
- 把辦公室的問題帶回家。雖然人離開了，但是心裡一直掛念著。這些煩惱侵犯了你的家庭、生活與一切（Melody Mackenzie著，吳桂枝譯，1997：9-10）。

善於時間管理，就可以平衡在時間上的眾多壓力，以及目標要求，這種平衡將有助於避免主管心力交瘁和壓力過劇。因此，時間管理所探討的，便是如何克服個人時間浪費，以便有效的達成既定的目標。

結語

有一首愛爾蘭歌謠：「把時間花在工作上，它是成功的籌碼；把時間花在思考上，它是力量的源泉；把時間花在遊戲上，它是保持純真的祕訣；把時間花在閱讀上，它是智慧的清泉；把時間花在夢想上，它會讓你更接近星星；把時間花在反省上，它能使你避免更多的錯誤；把時間花在歡笑上，它是靈活的交響樂；把時間花在朋友上，它會引導你走向幸福；把時間花在愛與被愛上，它讓你找到人生的真諦。」時間管理的目的在於協助運用時間，來達成個人或組織的目標，同時排定工作的順序，並優先處理「重要且有價值」的事務，以期用最少資源，創造最大的效益，因此需要進行積極有效的時間管理。

一鳴驚人話簡報技巧

此鳥不飛則已，一飛沖天；不鳴則已，一鳴驚人。

——《史記・滑稽列傳》

1863年11月19日，在賓夕法尼亞州（Pennsylvania）蓋茨堡（Gettysburg）的國家烈士公墓揭幕儀式中，邀請的主要演講人是哈佛大學（Harvard University）校長，當時最有名的演說家愛德華・艾弗烈特（Edward Everett），在一萬五千人的場面，他滔滔不絕地講了兩個小時。

在那之後，緊接著是美國第十六任總統林肯的致詞，上台只講了兩分鐘，卻成了全世界至今還在傳誦的經典作品「蓋茨堡演說」（Gettysburg Address），而艾弗烈特的兩小時演講很快就沒有人記得了。

這篇僅有三段十個句子共二百六十六字的「短小精悍」作品，可以說是「言簡意賅」的典範，立論精闢，文字洗鍊無比，全文簡潔到沒有任何冗詞贅字的地步，直接肯定人民的貢獻，平實卻堅定的點出了民主的宣言，這是林肯總統在前一晚提前抵達蓋茨堡，反覆思考後擬定的講稿。

艾弗烈特事後致信林肯總統寫到：「真希望在我演講的兩小時中，能接近你在那兩分鐘內所達到的境界啊！」

《聖經・箴言17：27》說：「寡少言語的，有知識；性情溫良的，有聰明。」（專愛編譯，2011/08：10）

蓋茨堡演說譯文

八十七年前，我們的祖先在這個大陸上創立了一個新國家，她孕育於自由之中，並奉獻於人類生而平等的主張。

現在，我們正進行一場偉大的內戰，它正考驗著這個國家或任何孕育於自由並為相同主張而奉獻的國家，是否能夠長久存在。我們聚集在這場戰爭中的一個偉大戰場上，我們前來此地要將這個戰場的一部分土地奉獻給為了國家的生存而犧牲生命的人們，作為最後安息之所。我們這樣做是完全恰當正確的。

然而，從更廣的意義上來說，我們不能奉獻——我們不能神化——我們不能聖化——這塊土地，因為那些曾在此奮戰過的勇士們，活着的和去世的，已經將它化為神聖了，遠非我們微薄的力量所能予以增減。世界將不大會注意，也不會長久記得我們在此所說的話，但它永遠不會忘記勇士們在此所做的事。我們生者毋寧應該奉獻於在此戰鬥過的人們業已卓絕地推展但未竟全功的志業。我們應該在此獻身給仍然留在我們面前的偉大任務——我們要從光榮的死者身上，取得更大的熱忱來奉獻於他們已為之鞠躬盡瘁獻出一切的使命——我們在此下定最大決心要使這些死者不致白白犧牲——務使我們的國家，在上帝的庇佑之下，獲得自由的新生——並願民有、民治、民享的政府將永存於世。

薩懷爾（William Safire）在《歷史上偉大的演說》一書序言中強調，「偉大的演說」應具有布局嚴密、律動強勁、文詞創新、目的突顯、主題明確、表達生動等基本條件。顯然，這些要素「蓋茨堡演說」似乎全都具備了。其中最為世人津津樂道的還是林肯所創「of the people, by the people, for the people」的民主嘉言，國父孫中山先生首倡三民主義，亦曾受到林肯此一高遠的民主宏觀所啟發（余玉照，2011/09/17-18，16版）。

成功簡報表達步驟

簡報的目的在傳達訊息，是一種說服的藝術。要讓觀眾接受我們的觀點，首先要抓住觀眾的注意力，然後幫助觀眾清楚地瞭解我們要傳達的訊息，引導觀眾同意我們的觀點，最後建立共識。作為資訊時代的演講者，可以運用資訊科技來幫助我們建構訊息。

成功簡報表達步驟有：

★對象（觀眾）

如果能夠事先知道觀眾的基本資訊，那麼在設計簡報訊息時，就可以將觀眾的特性融入簡報中。在簡報的過程中想好肢體語言、穿著的服飾、現場燈光等，每一個仔細安排好的細節都是為了增加觀眾的說服力。

★訊息

簡報的內容都應該輔助訊息的傳達，與此目標無關的，都不應該在簡報中出現。傑瑞・魏斯曼（Jerry Weissman）所著《簡報聖經：簡報大師的致勝演說絕招》（*Presenting to Win: The Art of*

Telling Your Story）一書中指出：「簡報五戒」是沒重點、沒好處、沒次序、太瑣碎、太長。

★準備

簡報大師魏斯曼認為，除了肢體語言、手勢、音調、目光接觸、與聽眾互動等傳統簡報技巧外，更必須懂得如何說「動人的故事」。首先自我介紹，然後告訴觀眾將要聽到一個什麼樣的故事，接下來把故事說給聽眾聽，再強調一下故事的意涵，然後幫觀眾回憶一下今天聽到了一個怎樣的故事，最後當然是謝謝觀眾的參與。

★演練

演講都有時間限制，為避免出錯，提高效果，並使流程更順暢，好的演講者要能控制時間，而且要知道每張投影片所花費的時間。開場白要儘量短，帶給觀眾「震撼」（impact），然後很快導入正題。

★講義（教案）

演講是無形的服務，所以要加以有形化，最具體的有形化就是提供清楚易讀的講義，每頁列印兩張較為清楚。若要有演講效果的設計，則列印投影片時，應將相關投影片隱藏起來（如穿插的笑話、故事、舉例、譬喻或互動的問題與解答）。

★表達

演講者須提早到達會場，熟悉場地與設備。如有主持人，要謝謝主持人的介紹，然後儘量建立主題與聽眾的關連性的對話，可以從一個與觀眾的需求相關的問題開始，引起觀眾的注意。

★檢討

同一個主題我們可能有不只一次的演講機會，所以每次演講後就把這次演講中值得改進的地方加以修正，如果是簡報內容有需要增刪的，立即修改，下回接到類似主題的邀約時，就事半功倍了（謝寶煖，http://www.lis.ntu.edu.tw/~pnhsieh/lectures/presentationskills.htm）。

成功的簡報要清楚地表達主題，利用「抓住聽眾注意力」、「用視覺溝通」、「讓文字說話」、「讓數字發揮作用」、「用圖表說故事」、「讓故事活起來」等技巧，來進行具說服力的簡報，達到簡報的目的。

我有一個夢

1963年8月28日，在華盛頓林肯紀念堂（Lincoln Memorial）舉行的「為工作的自由進軍」是民權運動的重要里程碑。那天最激勵人心的，是馬丁・路德・金恩（Martin Luther King Jr.）牧師代表南方基督教領導會議所作的講演。一位新聞記者指出，金氏的演講「充滿林肯和甘地精神的象徵和聖經的韻律」。這次的演講，促使美國國會在1964年通過《民權法案》，宣布種族隔離和歧視政策為非法。

金恩牧師演講「我的一個夢」（I have a dream）的部分內容為：

朋友們，今天我對你們說，在此時此刻，我們雖然遭受種種困難和挫折，我仍然有一個夢想。這個夢想是深深紮根於美國的夢想中的。

我夢想有一天，這個國家會站立起來，真正實現其信條的真諦：「我們認為這些真理是不言而喻的：人人生而平等。」

我夢想有一天，在喬治亞的紅山上，昔日奴隸的兒子將能夠和昔日奴隸主的兒子坐在一起，共敘兄弟情誼。

我夢想有一天，甚至連密西西比州這個正義匿跡，壓迫成風，如同沙漠般的地方，也將變成自由和正義的綠洲。

我夢想有一天，我的四個孩子將在一個不是以他們的膚色，而是以他們的品格優劣來評價他們的國度裡生活。

我今天有一個夢想。我夢想有一天，阿拉巴馬州能夠有所轉變，儘管該州州長現在仍然滿口異議，反對聯邦法令，但有朝一日，那裡的黑人男孩和女孩將能與白人男孩和女孩情同骨肉，攜手並進。

我今天有一個夢想。我夢想有一天，幽谷上升，高山下降，坎坷曲折之路成坦途，聖光披露，滿照人間。

這就是我們的希望。……我們將能夠加速這一天的到來。那時，上帝的所有兒女，黑人和白人，猶太教徒和非猶太教徒，耶穌教徒和天主教徒，都將手攜手，合唱一首古老的黑人靈歌：「終於自由啦！終於自由啦！感謝全能的上帝，我們終於自由啦！」

2009年，金恩牧師的「我的一個夢」演說實現了，誕生了美國歷史上第一位黑人總統（美國第四十四任總統）歐巴馬。所以，唯有跟隨自己的夢想，才能夠得到最傑出的構想，也才能「美夢成真」。

說服力

奇異電器公司（GE）前任執行長傑克・威爾許剛上任時，曾經到各地視察子公司。有一回，他參加一場簡報，但是發現問題，於是舉手發問。威爾許說他不瞭解主講人的某些用語，對方卻回答：「你怎麼期待我只用五分鐘時間就把我二十五年所學的東西告訴你？」威爾許後來說：「這位主講人沒有多久就離開奇異公司了。」

位於美國喬治亞州（Georgia）亞特蘭大市（Atlanta）的艾默里大學（Emory University）神經科學教授伯恩斯（Burns）指出：「一個人如果擁有全世界最偉大、最與眾不同的構想，但是無法說服其他人相信，那麼構想再好也是枉然。」（Carmine Gallo著，閻紀宇譯，2011：311）

簡報表演魅力

有「史上最會賣東西的人」之稱的蘋果公司共同創始人史蒂夫・賈伯斯，他是最擅長廣告行銷、最擅長作簡報、最擅長說故事的執行長。

賈伯斯的每一場發表會，非常懂得利用簡報、上台演講而出現讓觀眾驚嘆的時刻。自從1980年推出蘋果電腦以來，每一年都在精進自己的簡報內容和技巧。每一張簡報都是精密思慮後的作品，每一次演講都是事前精心演練和費力練習的演出。

賈伯斯從不用傳統方法作簡報。他在構想簡報內容時，會把自己想成電影導演，他要發想一個好故事，為產品注入「生命力」，故事中有衝突、有拯救、有英雄、有壞人，並讓內容有節奏跟高低潮，文字簡短，喜歡用「圖片」去說服顧客，以吸引台下聽眾沉醉其中。

賈伯斯上台作簡報時，渾身散發著自信、格調，平易近人，平心靜氣進行說明，行雲流水，一氣呵成，塑造所向披靡的魅力。他不說行話、不說廢話、簡潔地把要帶給聽眾的好處說出來，盛讚產品的優點與強項，令人目眩神迷。縱然簡報中有失誤，賈伯斯也不道歉，因為這樣做，他認為畫蛇添足，沒有好處。

美國《商業周刊》分析了賈伯斯的重要演講，歸結出賈伯斯風格的剪報技巧有：圍繞主題、展現熱情、列出大綱、提供有意義的數字、打造令人難忘的一課、視覺化的呈現、簡報是一場表演、不要因為小錯誤而壞了大局、推銷產品的好處和不斷練習。

有一位科技分析師形容賈伯斯說：「他在台上作產品介紹，已經超過三十年了。他始終如一，充滿熱情，對產品非常投入，也對外傳達出來。當他站在台上，就等於是iPhone（結合相機手機、個人數位助理、媒體播放器及無線通訊裝置的手持設備）或iPad（它是一款蘋果公司發明的平板電腦，定位介於蘋果的智慧型手機iPhone和筆記型電腦產品之間，提供瀏覽網際網路、收發電子郵件、觀看電子書、播放音訊或視訊、玩遊戲等功能）的分身，把自己化身產品展示給大家。」（林有田，2011/12：8-11）

結語

演講者必須說到聽眾的心裡去，如果你做到了，聽眾會說：「老天！他的想法和我的完全一樣。」於是他們會欽佩你，並全心追隨你。所以，在整體簡報的過程中，穿插一些小故事、數據、說明、證明、例子、電影情節、時事、笑話等體裁來補充或進一步證明你的論點。俗話說：「台上十分鐘，台下十年工。」凡事比別人多一顆心，用心、盡力、行動，就能主持一場具有說服力的簡報，成為一位成功的、具有魅力的演說家。

平心靜氣話修身養性

且平心靜氣，暗暗訪察，才能得這個實在；縱然訪不著，外人也不能知道。

——清・曹雪芹《紅樓夢・第七十四回》

兩千多年前的《史記・貨殖列傳第六十九》記載著：「天下熙熙，皆為利來；天下攘攘，皆為利往。」傳說大清皇帝乾隆下江南私訪時，有一天同一高僧站在長江邊的小山上，看著江面上許多南來北往的遊船，乾隆突然問高僧：「你看這江面上有多少艘船？」高僧沉吟片刻回答說：「只有兩艘。」「何謂兩艘？」乾隆緊接著問道。高僧答道：「一艘為『名』，一艘為『利』。」

爭名、好利似乎已成為人類社會發展的主流價值，但如何不讓人迷失其中，是很重要的課題。

滌除名利

沈復在嘉慶年間所寫的一部回憶錄《浮生六記》，在第六卷

〈養生記道〉有一段話說：「牛喘月，雁隨陽，總成忙世界；蜂採香，蠅逐臭，同是苦生涯。勞生擾擾，惟利惟名。牿旦晝，蹶寒暑，促生死，皆此兩字誤之。以名為炭而灼心，心之液涸矣；以利為蠆而螫心，心之神損矣。今欲安心而卻病，非將名利兩字，滌除淨盡不可。」

馬其頓帝國國王亞歷山大英年早逝（三十三歲的壽命），遺言交代：「請在我的棺木兩側，各挖一個洞，把我的雙手從這兩個洞伸出棺外，讓馬其頓帝國的人民看清楚，他們的國王，能帶走什麼。」

柯維的著作《成功有約》中提到一則小故事說，喪禮上有人問死者的朋友：「他留下多少遺產？」對方答：「他什麼也沒有帶走。」

「萬般帶不去，唯有業隨身。」每個人唯一能夠帶走的，只有在世間的一切行為，不論是好的、壞的，全數隨他而去，形影不離（慈濟文化編輯組，1997：34-35）。

澹泊明志

明代有一部很有趣的長篇神話小說《西遊記》，它是描述唐三藏前往西天佛祖處求佛經，他先降服一條玉龍，化為白馬以供其乘騎；又收服一頭自稱齊天大聖的猿猴作為隨行者。

這篇小說的寓意就是說，追求真諦的人，必須先收拾那散亂的心意。所謂「意馬心猿」之說（形容心思不定，好像猴子跳、馬奔跑一樣控制不住）是將人的意識比做野馬般放逸，像猿猴般善變，學佛人必降伏其意馬心猿，才能走上修持的途徑，這就是澹泊明志。

天知、地知、你知、我知

楊震在東漢初年任刺史、太守，剛正不阿，為政清廉，曾因拒收王密賄禮黃金十斤而聞名。

王密說：「暮夜無知者。」楊震說出：「天知、地知、你知、我知。」這句千古名言。《禮記・中庸》記載：「是故，君子戒慎乎其所不睹，恐懼乎其所不聞。莫見乎隱，莫顯乎微。故君子慎其獨也。」（譯文：所以，君子應時時戒惕有過，謹言慎行，雖人不見其過，亦要「戒慎」；誠惶誠恐，畏懼有錯，雖人不聞其錯，亦要「恐懼」。君子不畏人之見聞，只戒恐己之墮落！言行可現，過錯可顯，心念隱微難顯現。小人於顯現處，故作虛偽，為博得眾人之讚賞；君子修身，不為虛名，故獨處之時，戒慎其心念而已。）像楊震這種不收賄賂之舉，可說是真正做到了慎獨、嚴以律己的品質。

尊重勞動者

曾經雄霸歐洲的拿破崙，當年英名蓋世，各國君主見之股慄，但是他對於勞工極為敬重。

有天他外出散步，適遇一群苦力扛抬重物迎面而來，前行侍從飭令退讓，他力予阻止，並說：「對於正在工作中的勞工，應加尊重，任何低級的勞工，對於人群的貢獻，必優於逸樂無事之輩。」勞動神聖，雙手萬能，自己可做的事，不必假手他人代勞。宋朝歐陽修說：「逸豫可以亡身。」亦即怠惰可使人慢性中毒，萬病由此而生，只有養成勞動的習慣才能身體健壯。

前總統府祕書長張群寫了一首「不老歌」：「起得早，睡得好；七分飽，常跑跑；多笑笑，莫煩惱；天天忙，永不老。」提醒大家「起居有時，飲食有節」、「一笑一少，一怒一老」、「勤勞工作，流水不腐」的養身之道（張群，1975：13-14）。

風雨中的寧靜

曾任中華民國第六、第七任總統的蔣經國，在讀了《荒漠甘泉》的感想中提到，有兩個畫家相約各繪一幅畫，表露「寧靜」之意。

第一個畫家畫下一個大湖，風靜浪平，湖面如鏡，山上的美景在水中映得清清楚楚。

第二個畫家畫下一大瀑布，旁邊有一棵小灌木的枝子彎在水中，樹的頂端分枝上，擱著一個小巢（幾乎被浪花浸濕），中間睡著一隻知更鳥。

第一幅畫盡是停滯，第二幅畫才是寧靜。我們的生活無時無刻不在患難和危險之中，可是對於有信心的人，在生活裡面卻是有極端的安寧（蔣經國，1975：首頁）。

《禮記・大學》說：「知止而後有定，定而後能靜，靜而後能安，安而後能慮，慮而後能得。」意思是說，知道適可而止，才可以定下來，可以定下來才能靜心，靜心後便能安心，安心便可以思考，思考後才有所得。

1932年2月28日，國學大師胡適曾送劉安校訂的《淮南子》一書給國民政府主席蔣介石，正是看中了此書「主術訓」宣揚無為主義：「是故非澹泊無以明志，非寧靜無以致遠。」而這段話就如同佛教說的：「定能生慧」，都是在說心靈的寧靜，才能對事理做深入的思考，測定其前因後果而產生智慧，會把一切美好的東西變得永遠充滿青春色彩。

忍耐見真功夫

俗話說：「忍字頭上一把刀」。「忍」是沉得住氣，「耐」是吃得了苦。有一個故事這樣說：

一個貨車司機開著一輛攪拌混泥土卡車正要到工地送貨，因為途中會經過自己的家，這位司機便想順道彎回家給太太一個驚喜。車開近時，卻看見自家門口停著一輛嶄新的凱迪拉克車子。這司機掩近窗下一窺視，看到妻子正與一名陌生的人在廚房裡談得高興。他便一聲不響地去把凱迪拉克的車窗搖下來，把自己要送去工地的水泥灌了進去。

不久，這位司機接到太太電話，哭著說，她存了好久的錢給他買了一輛漂亮新車，今天正來交車，卻不知怎麼給人在車裡灌滿了濕水泥，嗚嗚……嗚嗚……。不用說，這闖禍的丈夫，當時看到的陌生人，正是車行派來送車的。

清人胡林翼說：「能忍人之不能忍，乃能為人之所不能為。」對於一時突發的氣憤或枝節拂逆，要忍得住，看得大，自不以小忿而亂大謀，才不致於為山九仞，功虧一簣。

胯下之辱

韓信是西漢劉邦創業打天下時著名的「率百萬大軍，戰必勝，攻必克」的軍事天才將領。他小時候就失去了父母，主要靠釣魚換錢維持生活，經常受一位靠漂洗絲棉老婦人的周濟，常常遭到周圍人的歧視和冷遇。

一次，一群惡少當眾羞辱韓信。有一個屠夫對韓信說：你雖然長得又高又大，喜歡帶刀配劍，其實你膽子小得很。有本事的話，你敢用劍來刺我嗎？如果不敢，就從我的褲襠下鑽過去。韓信自知形單影隻，硬拚肯定吃虧。於是，當著許多圍觀人的面，從那個屠夫的褲襠下鑽了過去。史書上稱為「胯下之辱」，也就是因為他能忍人所不能忍，長大後才能做大事。

明代大思想家呂新吾的《呻吟語》說：「大事難事看擔當，逆境順境看襟度，臨喜臨怒看涵養，群行群止看識見。」不以一時的受侮被辱，而自餒其氣或自暴其氣，才能任重致遠，表率群倫。

清心寡欲

清朝雍正皇帝彙編了一部《悅心集》，在第四卷收錄了一篇無名氏的〈不知足詩〉，正是對人心慾望無窮的最佳寫照。

終日奔波只為飢，才方一飽便思衣，衣食兩般皆俱足，又想嬌容美貌妻，娶得美妻生下子，恨無田地少根基，買得田園多廣闊，出入無轎少馬騎，槽頭結了騾和馬，嘆無官職被人欺，縣丞主簿還嫌小，又要朝中掛紫衣，若要世人心裡足，除是南柯夢一回。

〈正氣歌〉的作者文天祥被元軍所俘虜，當被押解到珠江口外的伶仃洋時，做了一首詩曰：「人生自古誰無死，留取丹心照汗青。」磅礡的節操令人動容。俗話說：「虎死留皮，人死留名。」這是勸世最貼切的俗語。為人要活得有目的，死得有意義，才謂有價值的人生。

生死觀

「生死流轉，循環不已，是為輪回，人在輪回之中，縱不墮入惡趣，生老病死四苦煎熬亦無樂趣可言。所以信佛的人要了生死，超出輪回，證無生法忍。出家不過是一個手段，習靜也不過是一個手段。」

這段話是以四十年時間翻譯《莎士比亞全集》（*The Complete Works of Shakespeare*）享譽國內外的學者梁實秋對佛教生死觀的總結。在佛教諸宗派裡，禪宗更加強調生死如一的超脫境界（王詠剛、周虹，2011：234）。

日本禪師乙川弘文，他是日本曹洞宗禪師的兒子，從小時候，就在禪宗明心見性的教誨中，品悟著生與死之間的佛法妙義。在1967年，乙川弘文遠渡重洋來到美國，他是一生經歷暴起暴落的超級科技巨星史蒂夫・賈伯斯生命中最重要的禪宗導師。

賈伯斯十七歲時曾讀過他的一句話：「如果你把每天都當成最後一天來過，總有一天你會證明自己是對的。」這句話對他影響甚深。

過去三十三年來，他每天早上會對著鏡子說：「如果今天是我生命中的最後一天，我還會想做今天要做的事嗎？」每當遇到生命中的重大抉擇時，只要想到將不久於人世，便可以幫助你做出決定。正如美國作家海明威（Ernest M. Hemingway）在《老人與海》（*The Old Man and the Sea*）中所說的：「人可以被摧毀，但不可以被擊敗。」人，無法回避生老病死的輪回之苦，但平心靜氣，可改變人際關係，改變了行業，改變了生活（〈世界跟著他的想像走：賈伯斯傳奇〉，http://www.bookzone.com.tw/event/cb458/page032.asp）。

養身之道

人如何長壽，《浮生六記・養生記道》說：「昔有行道人，陌上見三叟。年各百歲餘，相與鋤禾麥。往前問三叟，何以得此壽？上叟前致詞，室內姬粗醜；二叟前致詞，量腹節所受；下叟前

致詞，夜臥不覆首。要哉三叟言，所以能長久。」（沈復，1997：101）

在春山茂雄的著作《腦內革命》一書中提到，他的職業使他有機會常遇到百歲人瑞，這些人的飲食生活或許可供作在職場工作的人們參考。百歲人瑞所共通的原則是：

1.不會挑剔，什麼東西都吃。
2.食量控制在八分飽。
3.不偏向動物性食物，經常吃蔬果。
4.常常運動身體等。

此外，還要注意的不只是動物性脂肪，連植物性脂肪也不可攝取過量，最好盡可能節制（春山茂雄著，魏珠恩譯，1997：162）。

結語

唐朝白居易有首〈對酒〉詩說：「蝸牛角上爭何事？石火光中寄此身，隨富隨貧且歡樂，不開口笑是癡人。」旨在勉勵人們要和諧相處，愉快歡樂地過日子，切勿執著此身，隨緣放下，生死自如，時時活在，每個當下！人生不要太齷齪。佛教《金剛經》中非常有名的四句偈經：「一切有為法，如夢幻泡影，如露亦如電，應作如是觀。」明白無常之變化，當即時醒悟，不論貧富都可做適合於自己身分之歡樂。所以，被認為是歷史上最出色的英語詩人雪萊（Percy B. Shelley）曾說：「微笑，是與別人親近的橋樑，有了笑，人類的感情便得以溝通。」

〈附錄1〉

中華企管華麗謝幕

俺曾見金陵玉殿鶯啼曉，秦淮水榭花開早，誰知道容易冰消。眼看他起朱樓，眼看他宴賓客，眼看他樓塌了。這青苔碧瓦堆，俺曾睡風流覺，將五十年興亡看飽。

——清・孔尚任《桃花扇・哀江南》

如果你曾經參加過中華企管舉辦的課程，開訓時，一位「儒者風範」引言人站在講台上介紹講師簡歷，他就是漢、英、日文造詣高深的李董事長裕昆先生。他在民國56年創辦了中華企業管理發展中心，是我國民營企管顧問公司的領頭羊。成立伊始，適逢台灣經濟轉型之際，「中興以人才為主」，中華企管開始引進美、日頂尖管理學者來台開辦研討會或短期講學活動，培育了一批中小企業領導者的國際觀視野；接著又網羅著名翻譯名家，出版美、日最新經營管理經典名著，以及敦聘學有專長的學者、國營企業的高階實務管理專家定期開班授課。

成立四十二年後的2009年2月，屆齡八秩的李董事長，對外正式宣布退隱，中華企管「華麗謝幕」了，企管顧問界的「教父」，以「優雅」、「美妙」、「穩健」的步伐退隱居住於地靈人傑的天母家園，過著「清靜」、「無憂」、「無慮」的美好日子。

我，早在民國63年服務西電公司時，就跟當時兼任該公司常務董事的李先生結緣。翌年，「西電」發生了債務糾紛，當時的周董事長遠避美國躲債，這時「李常務董事」毅然肩挑起因他人惹禍，但由他來還債的「爛攤子」收尾工作，這是我跟李先生建立長期「革命感情」的機遇。他信得過我的人品，在西電「收攤」時不會扯爛汙，我則佩服他的「正派」、「為人處事」、「自吞苦果」的「苦行僧」的作風。當我年紀稍大的時候，我才體會到這可能跟出生於書香氣息的「蘆洲望族」的教養有關吧！

古人說：「君子之交淡如水。」[1]西電歇業後，我到外商企業擔任人事工作，就少跟董事長聯絡請益，但是董事長總是掛念著我，「三不五時」他就會將中華企管最新出版的管理新書寄給我進修、閱讀。

民國81年，中華企管出版了一本《人力資源管理》（陳明漢總主編）的精裝本巨著，承蒙董事長看得起我，聘請我擔任這本書的審查委員之一，開始有計畫的讓我在人資界「曝光」。董事長提攜後進，真的用心良苦，讓我「沾光」不少。

民國82年起，我開始負責大陸人事管理的工作，因大陸勞動法規取得不易（網際網路尚未興起），去大陸工作的台幹人數又少，經驗傳承不易，而政府對大陸投資的政策管制又嚴，所以，個人利用業餘時間撰寫一本《大陸勞動人事管理手冊》，董事長「二話不說」就出版了。為了宣傳，董事長還特地購買了《經濟日報》、《工商時報》全開版面刊登廣告促銷，共四次之多，所費不貲，成就了「我」的知名度，但因這本精裝書「叫好不賣座」，所謂「一家烤肉三家香」，當時影印太猖獗了，讓中華企管「賠了錢」，我有點過意不去，但董事長卻淡淡的對我說：「這是中華企管藉這本書在打品牌形象。」把部分的庫存書當「公關書」贈送給人資界的主管參考，也給我一個下台階的面子。

民國89年，我被服務的公司資遣了，董事長又是「二話不說」（真豪爽），在中華企管給了我一個舞台，開班授課，開啟了我在中華企管一系列「人資課程」的講授（每月有四至六天的課程安排），同時，又提供公司網站，將我發表的文章與蒐集有關的台灣、大陸地區勞動法規最新繁體文版放在網上，免費提供瀏覽、下載使用，個人的知名度因而再度「上一層樓」，並聘任個人為「首席顧問」職銜。

個人格局一打開，在中華企管「正派經營」的口碑與董事長加持之下，其他培訓機構與企業廠家也就紛紛邀約授課，創造個人職場「敗部復活」的職涯「第二春」。所以，李董事長在我的心中，他是我的「恩師」、職場上的「貴人」、人生哲學的「導師」。古人把「立德、立功、立言」作為人生追求的三大目標（三不朽），董事長當之無愧。❷

我把自己與董事長從相識、交往、互動過程中的些許點滴與片段往事與讀者分享，從中學習與共勉之。

1.孔子對曾子曰：「吾教化之道，唯用一道，以貫統天下萬理也。」每次（日）課程結束後，董事長一定親自陪著講師到電梯口，替講師按下電梯鈕，待電梯門關上之前，對講師深深的一鞠躬再返回辦公室，這種尊師重道的一貫「古風」，不因人而異，待人處事的「謙虛」，讓講師們愧不敢當。
談判大師劉必榮教授在其部落格上有一篇〈中華企管熄燈了〉的文章提到，民國98年1月，他在中華企管上完最後一次課，收好電腦，老先生親自送他到電梯口。以前每一次都是這樣，但這次握手卻握得特別沉重。❸

2.落實慈濟人「甘願做、歡喜受」的精神。每班課程，不因報名人數不符成本而停辦（除非講師當日突發重大事故外）。董事長給我印象最深刻的一句話是：「辦教育一定要有教無類，不能以成本來考量，說停課就停課，這對那些報名參加的學員是不公平的，賺錢不是我辦學的目的，學員如何在中華企管獲得的新技能、新知識，在職場上有競爭力，這才是我最關心的事。」同時，報名人數多，董事長總會再給講師「紅包」，「賠錢的算老闆的，賺錢的大家來分。」跟董事長做事真有「福氣」，也由於董事長的良心辦學作風，獲得了好口碑，董事長的「仁者風範」，讓人望塵莫及。

3.民國97年12月中旬，我最後一次到中華企管授課，在休息時間親眼見識到「儒商」的風範，多年來，負責中華企管文宣資料印刷店的老闆送來了明（2009）年1月份（中華企管最後一期課程）的公開班文宣資料後，董事長除了特別向這位多來年的「合作店東」致謝外，還另外再開了一張私人支票酬謝他，這種「儒商」的精神、「儒商」的氣度、「儒商」的道德觀，讓人欽佩與感動。

4.有一次我在課堂上講授「企業文化」的課題時，有一位學員問我，來到中華企管上課，看到所有的服務人員都有一定「歲數」了，但是他們的服務熱忱又遠超過我們一般的年輕人，問我原因何在？我回答他說：「這跟一家企業的經營理念與領導風格有關。」中華企管在創業伊始，董事長即揭櫫「誠實、創新、奉獻」來對待顧客（學員）、來對待講師、來對待供應商、來對待同業。中華企管的工作同仁在「耳染目濡」之下，服務就會出於「至誠」。學員報到時，有專人服務；參加學員的座位上，事先擺放好其名牌、玻璃茶杯，精心製作的講義更不用說了，這份講義是董事長親自審閱，工作人員一次又一次的仔細校對後才拿去複印；休息時間，另外提供一處寬敞的空間給學員聯誼，並替每位學員「煮杯」熱咖啡及提供精緻點心，這時，工作人員馬上又到教室內，替每位學員添加茶水，這種讓學員「賓至如歸」、「顧客第一」的敬業精神，每每讓學員讚嘆不已，每次在課程結束後的問卷表上，學員對服務項目總是給予「最滿意」的評語，這就是董事長「領導風格」、「識人與用人」最成功的典型的事例。

5.呆伯特法則（The Dilbert Principle）說：「如果公司需要削減預算時，先刪除訓練預算準沒有錯……反正少上幾堂課，短期之內也看不出任何負面的影響。」這就是培訓業經營上的難題。民國92年3月，台灣發現第一起嚴重急性呼吸道症候群（Severe Acute Respiratory Syndrome, SARS）病例後，外訓課程報名人數遽降，當時的中華企管也只能面對流失的客源而苦撐，準時開班。董事長「不怨天、不尤人」。自己乃親手寫下了星雲大師的十二字真言：「做！做！做！苦！苦！苦！忍！忍！忍！等！等！等！」來激勵自己，鼓舞同仁，所謂「關關難過關關過」。曾受日本人教育的董事長，在其養成的堅忍不拔的「意志力」下，終於「柳暗花明又一村」，培訓業又恢復了生機。

6.四十二年來，中華企管在董事長領導策劃下，曾輔導兩百多家企業經營改善；出版八十多種企管書籍、發行量逾三十萬冊；舉辦了訓練課程四千三百多班，授課人數超過十四萬人次，董事長真正實踐了古人說：「受人魚，不如受人漁，受魚不如學漁」的教育家精神。

7.中華企管出版八十多種企管書籍，每一本書，董事長都一定會親自審閱，增刪補遺，在熟讀原文後他才會著手寫序言，因「國學基礎」（漢文）根基從小「馬步打得紮實」，讀其序言即獲益良多，而班別的課程宗旨，字字都跟講師推敲再三，旁徵博引後定稿，由於課程大綱與內容董事長已瞭若指掌，在他每日閱讀最新報章、雜誌與新書時，只要與講師課程的內容有關的新知識、新觀念、新趨勢時，就影印或買書來贈送給各相關課程的講師參考，讓講師「不進步」也難。

上述這些實例，只是董事長經營中華企管期間諸多「做好事」的一些真實片段的描述，唯有親身體會，才能感受更多。《聖經》上說：「那美好的仗，我已經打過；當跑的路，我已經跑盡；所信的道，我已經守住；從此以後，有公義的冠冕為我存留！」來印證董事長一生的教育志業，他真的做到了。

前總統府祕書長張群先生曾寫了一首「不老歌」贈送給日本前首相岸信介：「起得早，睡得好；七分飽，常跑跑；多笑笑，莫煩惱；天天忙，永不老。」借花獻佛，祝福董事長退隱後身體健康，萬壽無疆。（作者：丁志達，完稿於2009/01）

[1] 此名句源於《莊子・山木》：「君子之交淡若水，小人之交甘若醴。君子淡以親，小人甘以絕。」

[2] 《左傳・襄公二十四年》有一段記載：「大上有立德，其次有立功，其次有立言，雖久不廢，此之謂三不朽。」

[3] 〈中華企業熄燈了〉，劉必榮部落格網址，http://www.wretch.cc/blog/BiRong/14372475

〈附錄2〉

丁志達：裁員隱患比想像大得多

有些企業主認為，在艱難的經濟環境下，裁員是控制成本和生存的最佳捷徑。事實好像也印證如此，很多中小企業靠裁員在去（2008）年刮起的金融風暴中得以喘息。

然而，經濟危機就像是颱風，不是一去不返的，台灣著名人力資源專家丁志達認為，經濟危機有危有機，手心手背都是掌控在手中，如果企業在裁員危機中沉得住氣，做好體制管理，任何風暴的來臨，對企業來說反而是受到風力的加持。

裁員造成隱性成本缺失

早在2002年，丁志達就把企業裁員管理觀念引到大陸來了。六年過後，金融風暴對企業經營的種種影響，丁志達說基本都在意料之中。作為一個對大陸企業人資關係運作十分有研究的先行者，前不久，他來到廈門面對數百家企業老闆談企業人資管理。接受本刊專訪，他談到，在以人為本的現代企業中，裁員應該是企業生存碰到路障的最後一步棋。否則，裁員就等同於裁心，企業凝聚力就此渙散。

「訂單很旺，就趕緊招人，反之裁員，這種隨意地切割企業人力結構的企業是沒有社會責任心的。」丁志達說，企業這種沒有事先防範的行為將產生巨大的後遺症。

在台灣有一個令人深思的案例。台灣著名的台積電公司，在今（2009）年2月份因為訂單的減少，做了企業二十年來的第一次裁員，但是裁員後產生了負面後果，生產線停頓，人心也跟著停滯，效益並沒有得到預期中的提升。而到了5月份，海外訂單接踵而來時，局面已難控制，台積電的品牌形象受到了嚴重衝擊。總裁（CEO）張忠謀不得不寫了一封信給被裁和在職的員工，表示裁員事件是企業犯下的錯誤，對被裁員工很遺憾和痛心，並力請這些工人重新回到崗位上來。

在人力資源的概念裡，有一個是顯性成本，有一個是隱性成本。丁志達說，裁員行為就是顯性成本，而隱性成本就是這個後遺症。在相當多的企業發展階段中，隱性成本產生的負面能量是大大超越顯性成本的。

「我一直告誡企業老闆，裁員是很簡單的，只要明天通知保安人員不要讓人進來就可以。」丁志達表示，不要以為裁員很容易解決問題，那些員工走了就沒事了，其實對剩下的員工是有影響的。「昨天坐在我旁邊的這個同事今天消失了，我明天還會在嗎？」員工的士氣將會直線降落。

這時候，裁員風暴就像颱風，過去了就晴空萬里，企業暫時躲過難關。可是下一階段訂單來了，因為企業的隨意裁員而造成的不良影響，要招到熟悉原來技術的工人就很困難。此外，剩下來的中層員工也因此有二心，看到自己的期望變成無望，就把現在的公司當成臨時寄居所，私下還會去找工作，這就是隱性成本的缺失，所以裁員要很小心。

把人力成本轉化為人力資本

那麼，在這樣的狀況下，要如何提升企業人力資源的最大化效益呢？總結經驗，丁志達給出三個方案：

1.把人力成本轉化為人力資本。大陸去（2008）年開始實施了《勞動合同法》，是對勞動者的一個具體保障，但是對於企業的經營會面臨很多的壓力。因此，企業要儘快從人力成本轉軌到人力資本。簡單地說，就是在知識經濟的時代下，企業必須人、電分離。把電腦能夠做的工作全部交給電腦，包括日常繁瑣的業務報表、計畫、庫存、財物進出等，一切能形成表格資料的都要交給電腦。而人力分離出來能集中精力做市場和策劃，這個步驟並不難轉化，一些知名的軟體公司可以為企業提供全方位的專業軟體服務。

2.增員步驟。實際上，一個新招的人員，在試用期過後，只要不犯錯，你要請他走是很難的。因此，進人之前就要有詳細的調查和斟酌。如何在招募新人中找對人、建立企業文化，最重要的就是要找有潛力的員工，就像進入股市要買潛力股才有增值的可能一樣。找員工，不能一個蘿蔔一個坑，如此將來一定會出問題，因此進人要循序漸進，一步步做好企業資源規劃（Enterprise Resource Planning, ERP），然後再引進電子化人力資源管理（eHR），這樣才能引進精華，企業得以永續發展。

3.學習培訓。有七十四年歷史的柯達公司曾經輝煌榮耀於世，占據了市場90%的份額，而現在只占市場份額1%。裁員是必然。但是，在市場風向發生變化之前，他們就看到了結果，為相應技術員工做出職業規劃適應轉軌。之前，那些技術人員在膠捲技術方面都是專家，按說現在他們都該下崗了，可是現在他們透過早早進入數位技術的培訓實踐，因此順利渡過職業生存危機。

建立人資軟體平台是老闆要務

在《勞動合同法》和經濟危機背景下，丁志達更看重企業主自身對人資管理的思維轉換，他們最需要加強的又是什麼呢？

目前，大陸企業大部分仍是製造業為主，他認為企業主首先要建立起人力資源管理部。很多企業這方面都是行政部、綜合部門裡的事，現在需要分支出來專人專項來做。

有一點，在整體的人力資源管理中，人才流動是很正常的，但有些員工走的時候，會把企業資料毀掉或者帶走。因此，企業要做的是把所有的資料建立到軟體系統平台裡，專人管理，壓力就不會那麼大。同時，透過這個平台企業主可以分析為什麼公司人才流動那麼大，原因在哪？

此外，除了公司的人、財和資產，其他的運營項目都可以外包。比如人才培訓這塊，企業自己做就要投入很多的物力、人力和時間，而外包就簡單很多。

事實上，裁員並不可怕，而是自始至終，企業要如何激勵員工去做。丁志達說，《勞動合同法》中有一個理念，意思是當你裁員後，公司要再擴廠進人時，對裁掉的人要優先錄用。這個案例就由最近的台積電來應驗了，因此台積電歷年當選台灣最佳雇主是不奇怪的事。（作者李雪梅，〈丁志達：裁員隱患比想像大得多〉，《海峽商業雜誌》第26期，2009/08，網址：http://www.hxsyzz.com/Article/jygl/200908/442886.html）

參考書目

〈《財富》評全球最佳雇主25強〉，網易財經網址，http://money.163.com/11/1102/07/7HRD89IF00253G87_all.html

〈「千面人」的由來——為何他叫「千面人」？〉，姜律師法律部落格網址，http://blog.sina.com.tw/qq1200/article.php?pbgid =8568&entryid=3255

〈「促進服務業發展優惠貸款」歡迎企業踴躍申貸〉，行政院經濟建設委員會網址，http://www.cepd.gov.tw/m1.aspx?sNo=0015095

〈Google因福利豐厚而獲全美最佳雇主〉，蚌埠華聘網址，http://bb.wlzp.com/News/10806.html

〈IBM如何打造領導力？〉，Yahoo！奇摩部落格網址，http://tw.myblog.yahoo.com/w58go/article?mid=223&next=219&l=f&fid=18

〈Innovation：創造跳躍式的突破〉，《晶圓雜誌》，第75期（2005/03），頁4-5。

〈一種心境，一種世界〉，騰訊財經網址，http://book.qq.com/s/book/0/17/17330/25.shtml

〈不裁員，還能怎麼辦？〉，《EMBA世界經理文摘》，第270期（2009/02），頁16。

〈升遷不順 中華電講師燒炭身亡〉，《蘋果日報》（2011/08/04）網址，http://tw.nextmedia.com/realtimenews/article/local/20110804/58097/

〈世界跟著他的想像走：賈伯斯傳奇〉，天下文化網址，http://www.bookzone.com.tw/event/cb458/page032.asp

〈加速3M創新的3大引擎〉，《經理人月刊》網址，http://www.managertoday.com.tw/?p=360

〈只花半天 就找定接班人〉。《商業周刊》，第1236期（2011/08/01），http://www.businessweekly.com.tw/article.php?id=44083

〈永不妥協的艾科卡〉，《大師輕鬆讀》，第80期（2004/06/03-06/09），頁19。
〈因為有對手存在〉，Yahoo！奇摩部落格網址，http://tw.myblog.yahoo.com/jw!.TV2peqTSU9EuukLQc0c/article?mid=70833
〈在訓練上玩花樣〉，《EMBA世界經理文摘》，第226期（2005/06），頁129。
〈如何才能獲得好人緣〉，台灣普濟禪寺部落格網址，http://tw.myblog.yahoo.com/puji@kimo.com/article?mid=7789
〈如何獲得好人緣〉，海潮音網址，http://www.ptswh.com/hcy/show.asp?id=2521
〈旭光照亮台灣半世紀 照不亮自己的工廠！〉，苦勞網，http://www.coolloud.org.tw/node/17631
〈呆若木雞〉，學習加油站網址，http://content.edu.tw/wiki/index.php/%E5%91%86%E8%8B%A5%E6%9C%A8%E9%9B%9E
〈突破現狀，創新思考〉，《EMBA世界經理文摘》，第169期（2000/09），頁146-147。
〈倖存者症候群〉，百度百科網址，http://baike.baidu.com/view/3704721.htm
〈孫武練兵〉，海華文庫網址，http://edu.ocac.gov.tw/ebook/show-chap.asp?chap=100039-001-0037
〈案例37嬌生公司的危機處理藝術〉，《市場營銷學60例》，北京大學出版發行，豆丁網，http://www.docin.com/p-205232415.html
〈商院關注：《財富》評出全球最佳雇主25強〉，雅虎教育網址：http://edu.cn.yahoo.com/ypen/20111111/693336_2.html
〈細說民國大文人——林語堂〉，yzsyzx.nbyzedu.cn/.../AolEeFiEu1272011101919292
〈智利礦工為什麼能夠活了69天〉，東方心理研究所網址，http://www.dfxinli.org/index.php/2011/06/04/chile-miners-why-can-live-69-days/
〈最寵愛女性員工的公司〉，無名小站網址，http://www.wretch.cc/blog/hotelscomtw
〈絕纓宴會〉，新華網・湖北・楚文化網址，http://www.hb.xinhuanet.com/

cwh/2005-03/04/content_3816414.htm
〈菜根新譚：如何渡過入職頭30天〉，http://jiaren.org/2011/09/09/caigen-xintan-16/
〈裁員減薪，為何仍受歡迎？〉，《EMBA世界經理文摘》，第186期（2002/02），頁24-25。
〈裁員雇主 我眼睛裡都是淚〉，《聯合報》（2009/03/08，AA國際版）。
〈馮諼客孟嘗君〉，古詩文今譯網址，http://www.eywedu.com/Translation/lang15/lang1512.asp
〈催生下個世代的總經理〉，哈佛商業評論網址，http://www.hbrtaiwan.com/event/sell_201005businessclass/20100623.html
〈節省時間的十個妙方〉，張淡生優者勝出服務網網址，http://www.aaronchang.com.tw/service-4.htm
〈職業訓練的六個層面〉，上海偉宏企業管理服務公司網址，http://www.uhone.cn/bbs/info.asp?id=249
〈鵝卵石的故事〉，無名小站網址，http://www.wretch.cc/blog/josephanita/15581721
〈權威機構盤點全球25個最佳雇主排名 3M公司居首〉，海南在線網址，http://news.hainan.net/newshtml08/2011w11r10/818090f7.htm
《讀者文摘》／引自：郭聰田（2003）。《寫給今日與明日的經理人》。長河出版社出版，頁201-202。
丁永祥，〈「升」計畫，管理你的幸福人生〉，《管理雜誌》，第401期，http://welearning.taipei.gov.tw/modules/newbb/viewpost.php?forum=81&viewmode=flat&type=&uid=0&order=DESC&mode=0&start=660
丁銳（2010）。〈古代「曬薪族」：蘇東坡曬淒涼 白居易最愛曬俸祿〉。《重慶晚報》（2010/07/28，45版）。
大衛・普克（David Packard）著，黃明明譯（1995）。《惠普風範》。智庫文化，頁89-90。
丹尼斯・胡雷（Dennis Wholey）著，尹萍譯（1990）。《你快樂嗎？》（*Are You Happy?*）。中華企業管理中心出版，頁66-67。

丹尼爾・丹納（Daniel Dana）著，丁惠民譯（2003）。《調解衝突技巧立即上手》（*Conflict Resolution*）。美商麥格羅・希爾出版，頁46。

天下編輯（2001）。《輕鬆與大師對話(一)：杜拉克解讀杜拉克》。天下雜誌出版，頁9-10。

王永慶（2001）。《王永慶談話集》（第二冊）。台灣日報社出版，頁243-244。

王建煊（1999）。《叮嚀：王建煊與你談心》。高寶國際集團出版，頁221-226。

王革非（2004）。〈企業戰略診斷處方〉。《新閱讀》（2004/02，中旬刊），頁37。

王詠剛、周虹（2011）。《世界跟著他的想像走：賈伯斯傳奇》。天下文化出版，頁234-235。

卡曼・蓋洛（Carmine Gallo）著，閻紀宇譯（2011）。《揭密：透視賈伯斯驚奇的創新祕訣》。美商麥格羅・希爾出版，頁311。

弗蘭克著（2006）。《管人的智慧：選對的方法，才能管的最好》。全品圖書出版，頁180-182。

白永傳（2007）。《感恩的一生：白永傳回憶錄》。自印，頁113-126。

白先勇，〈父親的憾恨——四平街會戰之前因後果及其重大影響〉，共識網，http://21ccom.net/articles/lsjd/lccz/article_2011090244614.html

任維廉（2005）。〈彼得原理：只要有人事升遷問題，你就用得上它〉。《經理人月刊》，創刊3號（2005/02），頁65。

名倉康修著，林耀川、黃南斗譯（1996）。《管理者取勝之道》。中華企業管理發展中心，頁64-66。

安德魯・葛洛夫（Andrew S. Grove）著，巫宗融譯（1997）。《英代爾管理之道》。遠流出版，頁210、255。

朱小明編譯（2009）。〈Facebook抓住員工的胃〉。《聯合晚報》（2009/12/27）。

江口克彥著，林忠發譯（1996）。《松下人才學：培育人才的12個觀點》。麥田出版，頁69。

池田政次郎著，葛東萊譯（1992）。《日本商魂》。長河出版社出版，頁52-54。

艾爾伯特・哈伯德（Elbert Hubbard）著，王會勇編譯（2005）。《致加西亞的信》（*A Message to Garcia's Letter*）。漢湘文化事業出版。

艾德・布利斯著，黃惠貞譯（1987）。《時間管理》。桂冠圖書出版，頁39。

行政院勞工委員會編輯小組編著（2010）。《迎接挑戰 贏在創新：第六屆國家人力創新獎專刊》。行政院勞工委員會出版，頁121-122。

何飛鵬（2005）。〈你會搖蘋果嗎？〉。《商業周刊》，第928期（2005/09/05），頁16。

何權峰（1999）。《微笑，生命的活泉》。高寶國際集團出版，頁263-268。

余玉照（2011）。〈林肯的「蓋堤斯堡演說」〉。《中央日報全民英語專刊》（2011/09/17-18，16版）。

吳兵，〈曹操「割髮代首」的示範意義〉，《檢察日報》（2011/08/02）網址，http://newspaper.jcrb.com/html/2011-08/02/content_76733.htm

吳明玲（2011），《溝通力，創造無限奇蹟》，豐閣出版，http://www.books.com.tw/exep/prod/booksfile.php?item=0010497072

吳若權（2005）。《其實，我這麼努力：吳若權的精彩工作履歷》。天下文化出版，頁129。

吳尊賢（1987）。《人生七十：吳尊賢自傳回憶錄》。財團法人吳尊賢文教公益基金會出版，頁98-99。

吳嵩浩（2009）。〈展圓：抓住時機厚植人才〉。《經濟日報》（2009/02/26）。

呂宗昕（2009）。〈一加一大於二π型人〉。《30雜誌》，第054期（2009年2月號）。

李・艾科卡（Lee Iacocca）著，賈堅一、張國蓉譯（1993）。《反敗為勝：汽車巨人艾科卡自傳》。天下文化出版，頁76-78、178-179。

李美惠（2006）。〈智商與度量〉。《非凡新聞e周刊》（2006/09/17），頁10。

李隆盛、賴春金，〈團隊建立與團隊合作〉，《T&D飛訊》，第50期（2006/10/10），http://www.ncsi.gov.tw/NcsiWebFileDocuments/13a1aca123b9d347751b1b7ef639d872.pdf

沈復（1997）。《浮生六記》。台南新世紀出版社，頁101。

亞蘭・亞瑟洛德（Alan Axelrod）著，李懷德譯（2001）。《巴頓將軍論領導》（*Patton on Leadership Strategic Lessons For Corporate Warfare*）。麥田出版，頁177、138。

周平（1996）。《古今用人要訣》。稻田出版，頁3、15。

周燦德，〈危機處理〉，行政院農業委員會林務局95年度行政能力養成研習班講義，頁1-2。

彼得・杜拉克（Peter F. Drucker）著，周文祥、慕心譯（1998）。《巨變時代的管理》（*Managing In A Time of Great Change*）。中天出版社，頁42。

彼得・杜拉克（Peter F. Drucker）著，許是祥譯（2009）。《卓有成效的管理者》（*The Effective Executive*）。機械工業出版社，頁22-23、32-33、64-65。

昆恩・史比哲（Quinn Spitzer）、隆・艾凡司（Ron Evans）著，董更生譯（1999）。《贏家管理思維》（*Heads, You Win*）。中國生產力中心出版，頁134。

松下幸之助，《指導者的條件》／引自：江口克彥著，林忠發譯（1996），《松下人才學：培育人才的12個觀點》，麥田出版，頁110-111。

松下幸之助著，陳紀元譯（1996）。《我如何下決斷：松下幸之助的經營譜》。中華企管叢書，頁145-148。

林文政，〈從內部行銷談人力資源管理〉，就業情報網，http://media.career.com.tw/college/college_main.asp?CA_NO=334p024&INO=41

林有田（2011）。〈賈伯斯如何把蘋果賣到全世界？〉。《震旦月刊》，總第485期（2011/12），頁8-11。

林政陽（2004）。〈21世紀的風險管理省思〉。《統一月刊》，總第301期（2004/08），頁28-29。

林祥雲，〈企業經營管理——力行5S運動系列報導(一)〉，eJob全國就業e網，http://www.ejob.gov.tw/news/cover.aspx?tbNwsCde=NWS20070622HRR565931&tbNwsTyp=441

林鉦鋑（1998）。〈用輔導取代責備〉。《工商時報》（1998/05/11）。

法蘭克・索能堡（Frank K. Sonnenberg）著，友徽顧問譯（1997）。《用心管理：回歸人本的企業方針》（*Managing With Conscience*）。美商麥格羅・希爾出版，頁93-114。

肯・布蘭佳（Ken Blanchard）、雪爾登・包樂斯（Sheldon Bowles）著，郭菀玲譯（2000）。《共好！Gung Ho！》。哈佛管理叢書，頁170-176。

邱仲慶，〈向著標竿直跑〉，http://www.chimei.org.tw/2011_newindex/column/cmh/9811.html

邱強口述，張慧英整理（2001）。〈人格特質與決策危機〉。《遠見雜誌》，第186期（2001年12月號），頁38。

金偉燦（W. Chan Kim）、芮妮・莫伯尼（Ren'ee Mauborgne）著，黃秀媛譯（2005）。《藍海策略——開創無人競爭的全新市場》。天下遠見出版，頁28-32。

金樹人（2009）。《生涯諮詢與輔導》。東華書局出版，序言。

侯友宜口述，陳金章、鄭朝陽整理（2009）。〈我的第一份工作：菜鳥刑警 李師科震撼教育〉。《聯合報》（2009/06/15）。

威廉・尤利（William L. Ury）（2001）。《第三方：有效消弭衝突、開創和平對話》。高保國際出版，頁117-118。

威爾許專欄，吳國卿編譯（2008）。〈員工績效跌 開鍘別手軟〉。《經濟日報》（2008/03/10，A8版）。

星雲法師（2005）。〈管人難 管自己更難 管心最難〉。《聯合報》（2005/12/24，A14版）。

春山茂雄著，魏珠恩譯（1997）。《腦內革命》。創意力文化事業出版，頁37-39、162。

柯維（Stephen R. Covey）著，顧淑馨譯（1997）。《與成功有約》。天下文化出版，頁94、121-128、144-147。

洪明洲（1999）。《管理：個案、理論、辯證》。華彩軟體出版，頁17。

洪荒（2008）。〈日本紀律，我服喔！〉。《聯合報》（2008/06/29，E4版）。

胡文豐（2007）。〈提早培養接班人〉。《產業雜誌》，第447期（2007/06），頁51-52。

英國安永資深管理顧問師群著，謝國松等人譯（1994）。《管理者手冊》。中華企業管理發展中心出版，頁173。

英國雅特楊資深管理顧問師群著，陳秋芳主編（1989）。《管理者手冊》。中華企業管理發展中心出版，頁136、159。

英國雅特楊資深管理顧問師群著，陳秋芳主編（1994）。《管理者手冊》。中華企業管理發展中心出版，頁159。

唐飛（2011）。《台北和平之春——閣揆唐飛140天全記錄》。天下文化出版，頁196-204。

娜達莎・約瑟華滋著，李璞良譯（1995）。《做個成功主管》。絲路出版，頁139。

徐銘宗（1999）。〈從管理心理學層面談銀行員管理〉。《今日合庫》，第25卷第3期，總第291期（1999/03/20），頁119-120。

高清愿（2001）。〈數字不一定會說實話〉。《統一企業月刊》，第28卷第6期（2001/06），頁4。

高清愿、趙虹（2001）。《總裁一番Talk：世事、世態與事業》。商訓文化出版，頁51-52。

商周編輯顧問編著（2001）。《閱讀張忠謀：半導體教父的成功傳奇》。商周出版，頁130-133。

專愛編譯（2011）。〈兩小時與兩分鐘〉。《蒲公英希望月刊》，總第149期（2011/08），頁10。

張宏業（2011）。〈林百里祕書詐8千萬 半數買名包〉。《聯合報》（2011/12/01）。

張國安（1987）。《歷練：張國安自傳》。天下文化出版，頁64。

張群（1975）。《談修養》。中央月刊社，頁13-14。

張嘉芳、張耀懋（2011）。〈醫師涉殺人 鎮靜劑偷自和信醫院〉。《聯合報》（2011/01/28，A2版）。

梅樂蒂・麥肯錫（Melody Mackenzie）著，吳桂枝譯（1997）。《高效時間管理》。商智文化，頁9-10。

理查・丹尼（Richard Denny）著，邱媛貞譯（1995）。《成功的激勵藝術》。小知堂出版，頁121。

盛田昭夫著，吳守璞譯（1973）。《實力主義論》。中華企業管理發展中心，頁6。

許文俊，〈Toyota員工創意提案制度〉，NeST企業家二代研習營網址，http://nest.pro/node/61

許玉君（2010）。〈「泰勒制」榨取血汗的勞動制〉。《聯合報》（2010/05/30，A2財經版）。

郭泰（1988）。《悟：松下幸之助經營智慧》。遠流出版，頁79、155。

陳世昌（2005）。〈日網路公司招新血 富士山頂上面試〉。《聯合報》（2005/08/25，A14版）。

陳立恆（2011）。《玩美法藍瓷：陳立恆的文創人生路》。商周出版，頁51-52。

陳幸蕙（2006）。〈競業精神：道德操守是追求工作卓越的根本〉。《講義》，第40卷第1期，總號第235期（2006年10月號），頁50-51。

陳靜宜（2009）。〈鼎泰豐師傅身高設限 升級超嚴〉。《聯合報》（2009/03/04，A3版）。

傑克・威爾許專欄，廖玉玲譯（2006）。〈選人才 不能憑直覺〉。《聯合報》（2006/04/10，A12版）。

賀桂芬，〈錯誤的價值 一億五千萬〉，天下雜誌網址，http://m.cw.com.tw/article.jsp?id=5001124 2009/09

逸凡科技網址，http://www.ivan.com.tw/news_2.asp?sno=88

雁群理論，http://www.bliayad.org/articles/pages/0117.htm

黃光國（2000）。《王者之道》。樂學書局印行，頁114-119。

黃達夫（1999）。《用心聆聽：黃達夫改寫醫病關係》。天下文化，頁132-133。

黑幼龍（2003）。《讓自己發光》。天下文化出版，頁237。

慈濟文化編輯組（1997）。《日日是好日》。慈濟文化出版，頁5、34-35。

楊艾俐（1998）。《IC教父：張忠謀的策略傳奇》。天下文化出版，頁XXI。

楊國安／引自：張育美（2011）。《CEO遊學記：世界八大頂級商學院學習之旅》。天下遠見出版，頁194-195。

楊絳（2007）。《走到人生邊上——自問自答》。時報出版，頁37-38。

溫曼英（1993）。《吳舜文傳》。天下文化出版，頁280、296。

詹姆士‧杭特（James C. Hunter）著，張沛文譯（2005）。《僕人：修道院的領導啟示錄》，商周出版，頁42、182-183。

達賴喇嘛著，葉文可譯（1996）。《慈悲：達賴喇嘛與八位精神治療、心理輔導界頂尖人士對話》。立緒文化事業出版，頁15。

鄒秀明、王慧瑛（2011）。〈仁寶「做人」獎金 今年發逾1500萬〉。《聯合報》（2011/12/26）。

趙文明、何嘉華編著（2003）。《百年管理失敗名案：泛美公司的隕落》。中華工商聯合發展出版社，頁120-130。

趙日磊（2008）。〈你能做好績效面談嗎？〉。《人力資源雜誌》，總第271期（2008/03上半月），頁54。

劉常勇，〈創業家的人格特質〉，http://www.inex.twmail.net/temp/p01/175.htm

歐倫‧哈拉利（Oren Harari）著，樂為良譯（2002）。《鮑爾風範：迎戰變局的領導智慧與勇氣》。美商麥格羅‧希爾出版，頁157。

蔡憲宗（2005）。〈工作輪調培養人才〉。《經理人月刊》，創刊3號（2005/02），頁16。

蔣經國（1975）。《風雨中的寧靜》。黎明文化出版，首頁。

鄧東濱編著（1998）。《人力管理》。長河出版社出版，頁209-212。

鄭紹成（1994）。《震旦的營銷管理》。卓越文化事業公司，頁88-89。

鄭智揚，〈管理報表分析〉講義，華宇企業管理顧問公司編印。

魯清波（2011）。〈激活「魚」型人才〉。《企業研究》（2011/07），頁44-45。

魯賓遜（2011）。〈拿破崙點名〉。《基督教中信月刊》，第50卷第593期（2011/07），頁7。

蕭白雪（2004）。〈陳定南「守則」 不可妄加揣摩上意〉。《聯合報》（2004/12/17）。

諾爾・提區（Noel M. Tichy）、史崔佛・薛曼（Stratford Sherman），吳鄭重譯（2001）。《奇異傳奇》（*Control Your Destiny Or Someone Else Will*），頁76-77。

錢穆（1970）。《史學導言》。中央日報社，頁73-75。

鮑伯費佛（Bob Fifer）著，江麗美譯（1998）。《倍增利潤》。長河出版社出版，頁140、245-246。

戴爾・卡內基（Dale Carnegie）著，詹麗茹譯（1991）。《卡內基溝通與人際關係：如何贏取友誼與影響他人》（*How to Win Friends and Influence People*）。龍齡出版，頁30-31、38-39。

謝寶煖，〈簡報技巧〉，網址：http://www.lis.ntu.edu.tw/~pnhsieh/lectures/presentationskills.htm

藏玉札記，〈國劇臉譜淺釋〉，http://tw.myblog.yahoo.com/anakus-moonlight/article?mid=14220

魏特利（Denis Waitley）、薇特（Reni L. Witt）著，尹萍譯（1992）。《樂在工作》（*The Joy of Working*）。天下文化出版，頁116。

羅賓斯（James G. Robbins）、瓊斯（Barbara S. Jones）著，李啟芳譯（1991）。《有效的溝通技巧》（*Effective Communication For Today's Manager*）。中華企業管理中心出版，頁7-8。

譚淑珍（2004）。《核心競爭力：台灣企業邁向成功的典範》。時報國際廣告，頁213-214。

嚴定暹（2000）。〈《孫子兵法》手記——柔殺〉。《遠見雜誌》（2000/12），頁54。
嚴長壽（2000）。《總裁獅子心》。平安文化出版，頁70-77。
嚴長壽（2003）。《御風而上：嚴長壽談視野與溝通》。寶瓶文化出版，頁81。

學會管理的36堂必修課

作　　者／丁志達
出 版 者／揚智文化事業股份有限公司
發 行 人／葉忠賢
總 編 輯／閻富萍
特約執編／鄭美珠
地　　址／新北市深坑區北深路三段260號8樓
電　　話／(02)8662-6826
傳　　真／(02)2664-7633
網　　址／http://www.ycrc.com.tw
E-mail／service@ycrc.com.tw
印　　刷／鼎易印刷事業股份有限公司
ISBN／978-986-298-045-3
初版一刷／2012年7月
定　　價／新台幣380元

國家圖書館出版品預行編目（CIP）資料

學會管理的 36 堂必修課 / 丁志達著. -- 初版.
-- 新北市：揚智文化, 2012.07
面； 公分.

ISBN 978-986-298-045-3(平裝)

1.企業管理

494 101009556